麻绳编织的收纳篮和包袋

详细的基础教程　初学者也能轻松制作

〔日〕青木惠理子　著

蒋幼幼　译

河南科学技术出版社
·郑州·

目录

｛基础款包袋｝

{ 各种形状的收纳篮和包袋 }

21

户外托特包
P.20／P.62

22

户外挎包
P.21／P.63

23

室内收纳篮
P.22／P.59

24
报纸收纳篮
P.23／P.66

25

小狗小物收纳盒
P.25／P.64

26

小兔子小物收纳盒
P.25／P.65

27

皮革包边马尔歇包
P.26／P.68

28
皮革提手的网袋
P.27／P.70

29

**引拔针编织提手的
网兜**
P.28／P.72

30

多色条纹托特包
P.29／P.74

31

不织布提手的手提包
P.30／P.71

32

小绒球装饰的手提包
P.31／P.76

33

**拼布风横款
手提包**
P.32／P.77

34

**拼布风竖款
手提包**
P.33／P.77

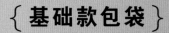

{ 基础款包袋 }

将包袋底部的形状分为圆形、正方形、椭圆形、长方形 4 种。
再将这 4 种底部分成环形编织和往返编织两类，
侧面都无需加减针。
在针数、行数、提手的结构相同的基础上，
可以享受自由组合的乐趣。

1
圆底环形编织的手拎包

麻绳包袋中的最基础款。
适合初次挑战。

制作方法→p.50

4

2
正方形底环形编织的手拎包

按照图解编织，不知不觉就完成了正方形的底部。
正方形的包袋容易装内衬袋，外观也会稍显棱角。

制作方法→p.52

3
椭圆形底往返编织的手拎包

用往返编织的方式编织椭圆形时,
不会出现斜行现象,成品漂亮有型。

制作方法→ p.54

4

长方形底往返编织的手拎包

长方形底的图解，感觉像是p.5作品正方形底剪掉一半后再横向拉长的效果。
与p.20的户外托特包的编织方法相比，此款更加柔软，与主体更加融为一体。

制作方法→p.56

侧面加入了条纹针的配色花样。
条纹针具有环形编织不容易斜行、花样清晰的特点。
编织完成后用力拉一下织物进行调整，使针目垂直。

circle

5

水珠花样的手提包

两种颜色的配色编织使经典的水珠花样也显得非常灵动。

制作方法→ p.50

square

6

水滴花样的手提包

蓝色系的配色编织使水滴花样显得清爽整齐。

制作方法→ p.52

往返编织的配色编织过程中，
每行都要留意正、反面之分，在习惯之前会觉得很费神。
因为这样不会斜行，成品整齐漂亮。
彩色线搭配白色线，配色效果非常和谐。

oval

7

椭圆形花样的手提包

曲线的几何形花样与椭圆形底的圆弧感相得益彰。

制作方法→ p.54

rectangle

8

长方形花样的手提包

直线的几何形花样与长方形底有棱有角的感觉非常和谐。

制作方法→ p.56

即使图解相同，如果改变线材，尺寸也会发生变化。
用稍细的麻线与金银丝线合股编织，会增加闪闪发光的感觉。
附加的装饰物由 p.8、9 作品的花样衍变而来。

circle

9

带小球挂饰的合股线手提包

米白色 + 金色是非常受欢迎的配色。
装饰物是用 2 股金丝线编织而成的小球。

制作方法→ p.50、58

square

10

带水滴挂饰的合股线手提包

米白色 + 银色给人很酷的印象。
装饰物是用 2 股银丝线编织而成的小水滴。

制作方法 → p.52、58

用捻度很强的麻线编织的成品很紧致。
只有往返编织才做得到的，加入串珠的编织使手提包独具特色。
串珠的颜色与 p.12、13 作品的金银丝线的颜色一致。

oval

11
椭圆形底钩入串珠的手提包

暖色调的棕色编织出了椭圆形底的柔软感。
金色的串珠具有木珠独有的朴实质感，非常吸引人。

制作方法→ p.60

rectangle

12
长方形底钩入串珠的手提包

酷酷的黑色麻绳编织凸显了长方形底有棱有角的感觉。
串珠是银色的。

制作方法→p.60

{ 圆底手提包 + 创意 }

建议在基础款包袋的基础上，
通过改变提手和袋口来体现创意。
如果将 p.4 的第 1 款手提包定为 L 号，
第 14~16 款则是 M 号、
第 17~20 款则相当于 S 号。
第 13 款是可以自由更换的移动口袋。
不仅是圆底，以上方法也可用在其他形状的手提包上。
一起来享受各种创意变化的乐趣吧！

13

移动口袋

使用挂扣可以取下，
或者给包包作装饰，或者代替内袋，
可随意搭配使用。

制作方法→ p.58

14

内置口袋的圆底手提包

只要将另外编织好的口袋的最后一行与
手提包主体的 1 行连起来编织，
内袋就与手提包自然地形成了一个整体。

制作方法→ p.36

15
缆绳提手的圆底手提包

只要将缆绳提手装在袋口边缘，
海军风就更加浓郁了。

制作方法→p.42

16
圆形提手的圆底手提包

使用成品的圆形提手。
只需完成主体编织后缝上提手即可，
非常简单。

制作方法→p.42

17
扣带式化妆包

多编织出一个留有扣眼的扣带，
再缝上纽扣，简单的化妆包就完成了。

制作方法→p.42

18
拉链式化妆包

只需在袋口用手缝方式缝上一条拉链即可。
不用担心包里的物品会掉出来，可放心使用。

制作方法→p.42

19
迷你束口袋

缝上束口处理的筒状布制作而成。
推荐用于袋中袋。

制作方法→p.42、49

20
迷你三角布巾袋

将两片3角布巾重叠后缝在包身上，就像古时日本女
性的小物袋。
与小孩子的夏季单衣似乎是不错的搭配。

制作方法→p.42、49

{ 各种形状的收纳篮和包袋 }

介绍可在家里使用的便利收纳篮和各种形状的包袋。
除了从底部开始一圈一圈地编织外，还有其他编织方法。

21
户外托特包

经典的托特包经过改变编织方法，增添了柔和度。
黄色 + 白色的配色打造出了优雅的横款托特包。

制作方法→p.62

22
户外挎包

灰色＋白色的配色给人凉爽的感觉。
编织一条长长的包带，做成了一款挎包。

制作方法→ p.63

可放在地板上使用的大款收纳篮，分成圆形和方形两种。
牢固的麻绳，其实用性也是出类拔萃的。

23
室内收纳篮

无需钩立针，将PP绳包在里面一圈一圈环形编织。
编织进度很快，心情也会越来越愉悦。

制作方法→p·59

24
报纸收纳篮

用往返编织的方式钩 3 片织片后，短针拼接，组合成立体状。
开口处两侧插入小棍子后便不容易变形。

制作方法→ p.66

小动物造型的小物收纳盒，放在桌上，显得很是可爱。
目光触及的瞬间，忍俊不禁。

25、26
小狗小物收纳盒、小兔子小物收纳盒

戴着贝雷帽的小狗老师、有着一双迷人红眼睛的小兔子学长，让人心动。
上部缩小的效果是通过减针实现的。

制作方法→ p.64、65

作为一个亮点，包口和提手使用了彩色的软皮革。
因为非常柔软，很容易处理。

27
皮革包边马尔歇包

缩小底部的圆形，侧面缓慢加针，
完成后就是漂亮的马尔歇包。
将彩色软皮革拼接包在边缘，就更加漂亮了。

制作方法→ p.68

28
皮革提手的网袋

因为装上了蓝绿色的提手，
平淡无奇的方眼针网袋也给人高了一个档次的感觉。

制作方法→p.70

使用绚丽清爽的彩色线，
钩编出"夏天"的印象。

29
引拔针编织提手的网兜

外观虽然简单，编织方法却有点复杂。
往返钩引拔针编织而成的提手是前所未有的创意。

制作方法→p.72

30

多色条纹托特包

按 H 形编织横条纹，缝合侧边和侧边角后就变成了竖条纹。
这个造型的灵感来源于布包的制作，
并且尝试了炫彩随意的多色条纹花样。

制作方法→ p.74

就像一年四季可穿、随处可见的亚麻衣服一样，
终于设计出了冬天也想使用的麻绳手提包。

31
不织布提手的手提包

用朴素的、抹茶绿色的厚不织布制作宽幅的提手，
然后用大叉形缝合法大胆地缝在椭圆形包身上。

制作方法→ p.71

32
小绒球装饰的手提包

用粗纱线制作的小绒球非常纤细柔软。
制作出许多小绒球并缝在袋口一周，非常可爱。

制作方法→ p.76

通过配色条纹针编织将多种经典花样进行组合，
编织出拼布风的效果，非常新颖。

33
拼布风横款手提包

蓝色＋白色配色编织的 4 个花样
在包身上呈"田"字排列。

制作方法→ p.77

34

拼布风竖款手提包

绿色 + 白色配色编织的 3 个花样在
包身上呈"川"字排列。

制作方法→p.77

基础教程

本书作品均为钩针编织。*制作图中没有单位的数字均以厘米（cm）为单位。
初学钩针编织的朋友，首先阅读此页来学习钩针编织基础吧。

钩针编织基础

｛ 挂线方法、钩针的持法 ｝

左手（挂线方法）

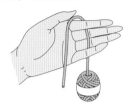

右手（钩针的持法）

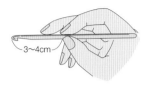

不方便钩织时

1 将线通过中指和无名指的内侧，毛线球放在手指的外侧。

2 用拇指和中指夹住线头，竖起食指将线拉紧。

用拇指和食指轻轻地捏住钩针，用中指抵住。

麻绳很硬，在不方便钩织时也可以抓着钩针编织。

｛ 符号图的看法 ｝

织物是用针法符号（参照p.35）组合成"（针目）符号图"表示的（也称之为"图解"）。符号图是从正面看到的状态来标记的。由于编织时是从右往左钩，往返编织的情况下交替看着织片的正面和反面编织。一行开始编织时的锁针的立针在右侧时，该行是从正面行钩织；锁针的立针在左侧时，该行则是从反面行钩织。

环形编织，通常是一直看着正面编织。但是，也有每行改变方向编织的情况，这时要注意锁针的立针的方向。因为针目出现在钩针下方，所以图解所示是从下往上编织的。环形编织时，由中心往外编织。从编织起点的位置往外一气呵成，只要依照顺序按符号编织即可。

往返编织

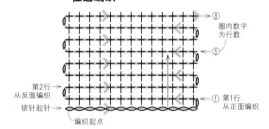

圈内数字为行数

⑧⑤①

第2行从反面编织
锁针起针
编织起点

第1行从正面编织

环形编织

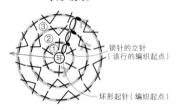

③②①环

锁针的立针（该行的编织起点）

环形起针（编织起点）

※每行均从正面编织。

环状往返编织

⑤①环

※奇数行从正面、偶数行从反面编织。

｛ 关于密度 ｝

所谓密度，是指针目的大小。即使是同样的线，也会因为编织者编织的松紧不同导致密度不同。如果想按照书里的尺寸编织，就要测量密度，通过调整钩针的粗细或编织的松紧度，尽量与书里的密度一致。

｛ 关于锁针起针 ｝

"起针"是钩针编织的基础。锁针的起针会被后面钩的针目拉紧，所以建议起针使用的钩针要比编织物的钩针稍粗一点。

※起针的钩针号数在制作方法中没有标出，请根据需要进行替换。

正面
反面
里山

针数、行数的数法

1行
1针

针目的单位是"针"，"针"横向排列成1列，称为"行"。

密度的测量方法

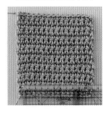

参考所给密度，编织12cm×12cm左右的织片，用尺子测量横向10cm内有几针，纵向10cm内有几行。

针数、行数小于标准密度的情况
针目较密集，成品会变小→换成粗钩针，或者钩得稍微松一点

针数、行数大于标准密度的情况
针目较疏松，成品会变大→换成细钩针，或者钩得稍微紧一点

｛ 从锁针挑针的方法 ｝

锁针起针的情况下，有3种挑针方法。除特别指定外，可使用任何一种挑针方法。

从锁针的里山挑针

锁针的立针

从锁针的半针和里山挑针

锁针的立针

从锁针的半针挑针

锁针的立针

﹛针法符号和编织方法﹜

锁针的编织起点

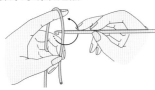  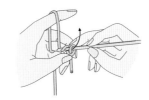

用拇指和中指按住

拉紧

1 将钩针放在线的后方，如箭头所示转动针头，绕出一个线环。

2 按住线环的交叉处，转动针头，在针头上挂线。

3 将挂在针头上的线从线环中拉出。

4 拉线头，将线环拉紧。最初的针目完成，但是此针不计入针数内。

环形起针

1 与锁针的编织起点一样，绕出一个线环。按住线环的交叉处，在钩针上挂线后拉出（锁针最初针目的制作要领）。

2 不要拉紧线环，保持其松松的状态，钩1针锁针的立针。

3 继续在线环中插入钩针，挑起2根线钩第1针（此处为短针）。

4 1针短针完成。用同样的方法在线环中钩第1行所需针数，最后拉线头，将线环拉紧。

锁针

⟋

1针锁针

1 如箭头所示转动钩针挂线。

2 将挂在钩针上的线从线环中拉出。

3 1针锁针完成。针目出现在钩针上所挂线圈的下方。

引拔针

●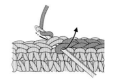

将钩针插入前一行针目的针头的2根线里，挂线后引拔。

短针

十（╳）

1 将钩针插入前一行的针目里（此处为锁针的里山）。

2 在钩针上挂线，如箭头所示将线拉出。

3 再在钩针上挂线，一次引拔穿过2个线圈。

4 1针短针完成。

短针的条纹针
（环形编织的情况）

土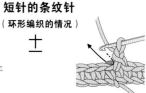

从前一行针头的后面半针里挑针，钩短针。

短针1针放2针

〉

1 从前一行针目的针头的2根里线挑针，钩1针短针，然后将钩针插入同一个针目里。

2 再钩1针短针（加了1针的状态）。

短针2针并1针

个

1 挂线后拉出，将钩针插入下一个针目里，同样挂线拉出。

2 再次在钩针上挂线，一次引拔穿过钩针上的3个线圈。

3 短针2针并1针完成（减了1针的状态）。

长针

千

1 在钩针上挂线，然后将钩针插入前一行的针目里（此处为锁针的里山）。

2 在针头上挂线拉出，拉至2针锁针的高度。

3 在钩针上挂线，引拔穿过针头上的2个线圈。

4 在钩针上挂线，引拔穿过剩下的2个线圈。

5 1针长针完成。

基础教程

14 内置口袋的圆底手提包（作品见 p.16）

从锁针起针开始编织的椭圆形底的口袋，从环形起针开始编织的圆底的主体、
提手等的编织方法，这是一款集合了基础编织方法的手提包。
麻绳独特的线头处理方法等，在编织其他包袋的时候可作为参考。

● **材料和工具**

WISTER CROCHET JUTE〈细〉自然色（1）约200m

钩针8/0号

● **成品尺寸**

包口周长65cm，深14cm（不含提手）

● **密度**

10cm×10cm面积内：短针12针，15行

● **编织要领**

*口袋钩 13 针锁针起针后，钩 12 行。

*手提包环形起针，一边加针一边钩 13 行作为包底。接着侧面无
需加减针钩 17 行，在第 18 行的包口钩入位置与口袋的♥（15 针）
重叠钩织。钩至 19 行后，暂停钩织留线。

*在两个指定位置接线钩提手的 33 针锁针。

*用手提包主体留下的线继续钩织，在提手的外侧钩 2 行。

*接新线，在提手的内侧钩 2 行。

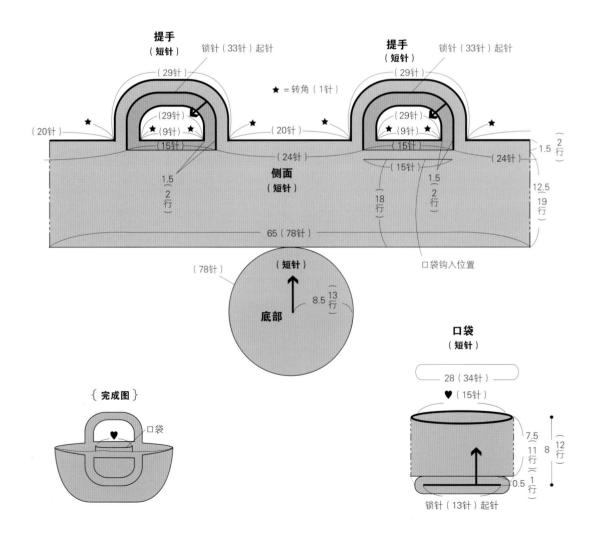

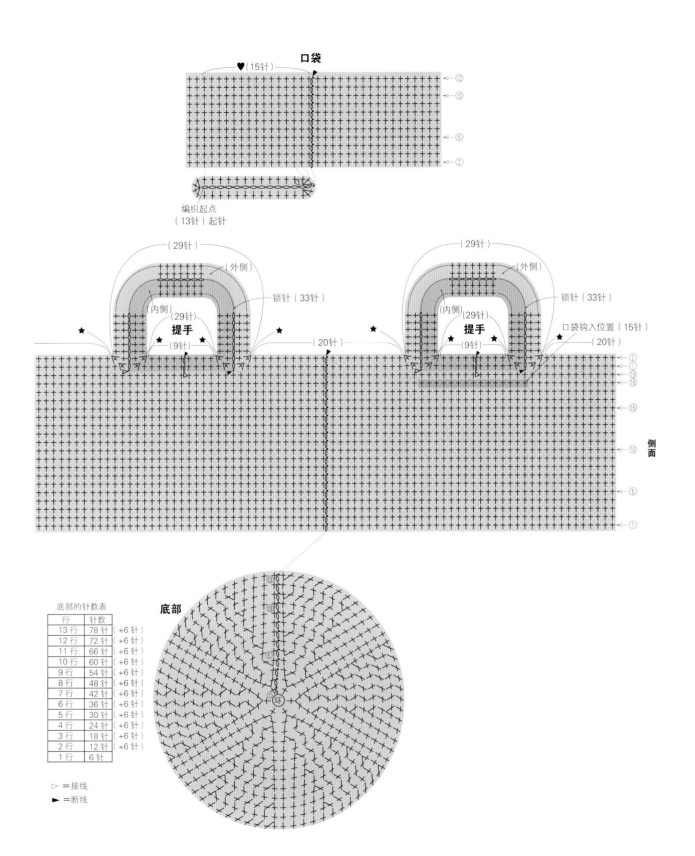

口袋

♥（15针）

编织起点
（13针）起针

（29针）　（外侧）　　锁针（33针）
（内侧）（29针）
提手
（9针）
★　　（20针）★
★　提手★
（9针）
锁针（33针）
口袋钩入位置（15针）
（20针）

侧面

底部

底部的针数表		
行	针数	
13 行	78 针	（+6 针）
12 行	72 针	（+6 针）
11 行	66 针	（+6 针）
10 行	60 针	（+6 针）
9 行	54 针	（+6 针）
8 行	48 针	（+6 针）
7 行	42 针	（+6 针）
6 行	36 针	（+6 针）
5 行	30 针	（+6 针）
4 行	24 针	（+6 针）
3 行	18 针	（+6 针）
2 行	12 针	（+6 针）
1 行	6 针	

▷ ＝接线
► ＝断线

环

37

{口袋} ● 椭圆形底

1 钩13针锁针起针。

2 钩1针锁针的立针，将钩针插入从针头数过来第2针锁针的半针里。

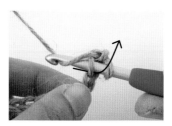

3 在钩针上挂线后拉出。

4 再次在钩针上挂线，一次引拔穿过钩针上的2个线圈。

5 1针短针完成。将钩针插入同一个针目里，再钩2针短针。

6 1个针目里钩入了3针短针。下个针目开始，同样从每个锁针的半针挑针钩1针短针。

7 在端针里钩入6针短针，钩的同时把线头包在里面。

8 在端针里钩入6针短针完成。下个针目开始从起针的锁针针目剩下的半针和里山2根线里挑针钩织。靠端部的5针左右在钩织的同时将线头包在里面。

9 在端针里钩入3针短针。

10 在端针里钩入3针短针完成。将钩针插入最初的短针的针头里。

11 在钩针上挂线引拔。

12 第1行完成。

13 这时，将织片翻到反面，剪断线头（编织起点的线头处理）。

14 钩1针锁针的立针，将钩针插入第1行的第1个针目（步骤10、11中引拔后的针目），钩短针。

15 第2行的第1针短针完成。下个针目开始也同样从前一行的针头里挑针钩织，无需加减针。

16 第2行完成。第3行之后也从前一行的针头里挑针钩织，无需加减针。

● 编织结束时线头的处理

17 最末行钩完引拔针后，留10cm左右线头剪断，将钩针上的线拉出。将线头穿入缝针，再插入该行编织起点的针目里。

18 从后面将针插入最末行短针的尾针部分，拉出。

19 小心地将线头横向穿到织物里，尽量藏得从正面看不出痕迹。

20 多余的线头沿着边缘剪断，口袋编织完成。

{ 圆底手提包（主体）} ● 环形起针

21 像钩锁针一样，转动钩针，绕出一个线环。

22 按住线环的根部，在钩针上挂线后拉出。这一针为预备针目（不计入针数）。

23 在钩针上挂线，钩1针锁针的立针。

24 在线环中插入钩针，挂线后拉出。

25 再次在钩针上挂线，一次引拔穿过钩针上的2个线圈。

26 1针短针完成。同样的方法钩6针短针。

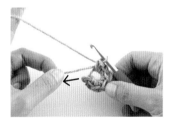

27 6针短针完成后，拉线头，将线环拉紧。

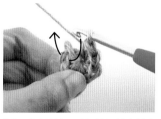

28 将钩针插入第1针短针的针头里，挂线引拔。

29 第1行完成。

30 钩1针锁针的立针，将钩针插入第1行的第1个针目（步骤28中引拔后的针目），钩短针。

31 1针短针完成。再次将钩针插入同一个针目里，再钩1针短针。

32 同一个针目里钩入了2针短针。第2行所有针目里都分别钩入2针短针。

● 环形起针后编织起点的线头处理

33 钩完12针后,将钩针插入第1针里,挂线引拔。

34 这时,将织片翻到反面,将编织起点的线头穿入缝针,将缝针插入第2行后拉出线头。线头即被移至第2行。

35 再次将织片翻回到正面,继续编织,同时将步骤**34**中拉上来的线头包在里面。钩1针锁针的立针。

36 一边将线头包在里面一边钩短针。钩了5针后将线头暂时放在反面,继续钩第3行。稍后剪断多余的线头。

● 侧面

37 按图解一边加针一边钩包的底部。

38 编织侧面,无需加减针。

39 钩至口袋钩入位置前一针的状态。

● 装上口袋

40 将钩针插入"口袋钩入位置的主体的针目"和"口袋顶部的针目"里,挂线后拉出。

41 在钩针上挂线,一次引拔穿过钩针上的2个线圈(钩短针)。

42 1针短针完成的状态。

43 下个针目用同样的方法钩织。

44 口袋装上后继续钩主体部分。

● 提手 ※ 此处为了方便理解使用了另色线。实际编织的时候,请使用编织主体时的毛线球端的线。

45 主体编织完成。将钩针上的线圈拉大,将钩针从针目上取下,暂停编织并留线。

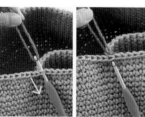

46 在装提手的位置接上新线。

47 钩锁针。

48 钩33针锁针,在指定位置插入钩针。此时,注意不要让锁针扭曲。

49 挂线后引拔。

50 留10cm左右的线头剪断，直接将线往前拉出。

51 将线头穿入缝针，再用缝针将线头穿到反面。

52 另一侧也同样钩锁针。

53 再次将钩针插入步骤**45**中留下的线圈，将针目拉回原来的大小，钩1针锁针的立针后钩短针。

54 钩至提手与包身连接处的转角时，钩2针并1针。首先在端针里插入钩针，挂线后将线拉出（未完成的短针）。

55 接着，从锁针的第1个针目的半针里挑针，挂线后将线拉出（未完成的短针）。

56 在钩针上挂线，一次引拔穿过钩针上的3个线圈。

57 短针2针并1针完成。下个针目开始也从锁针的半针挑针，1个锁针里钩1针短针。

58 在转角处与步骤**54~56**一样钩2针并1针。钩转角后的几个针目时，将接线钩锁针时的线头包在里面。

59 另一侧的提手也用同样的方法编织，在转角处钩2针并1针。提手的第1行完成后继续钩第2行。

60 钩至第2行的转角处时，跳过第1行转角处的1针，钩2针并1针。

61 第2行完成。留10cm左右的线头剪断。处理好线头。

62 钩提手的内侧。接新线，钩1针锁针的立针。与外侧相同，钩至转角处时钩2针并1针。

63 钩至右侧的转角处时，将锁针的线头包在里面编织。继续钩第2行。

64 另一侧的提手也用同样的方法编织。处理好线头，手提包就完成了。

15 缆绳提手的圆底手提包（作品见p.17）

● **材料和工具**

WISTER CROCHET JUTE〈细〉COLOR 藏青色（6）75m、CROCHET JUTE〈细〉自然色（1）45m、直径9mm的缆绳（原色）50cm 2根

钩针8/0号

● **成品尺寸**

包口周长65cm，深14cm（不含提手）

● **密度**

10cm×10cm面积内：短针条纹花样12针，15行

● **编织要领**

＊底部环形起针，参照图解一边加针一边钩13行短针条纹花样，接着侧面无需加减针钩21行。钩第19行时留出缆绳穿孔。

＊将缆绳穿过缆绳穿孔后打结。

16 圆形提手的圆底手提包（作品见p.17）

● **材料和工具**

WISTER CROCHET JUTE〈细〉自然色（1）125m，直径12cm的提手（茶色）1对

钩针8/0号

● **成品尺寸**

包口周长65cm，深14cm（不含提手）

● **密度**

10cm×10cm面积内：短针12针，15行

● **编织要领**

＊底部环形起针，参照图解一边加针一边钩13行短针，接着侧面无需加减针钩21行。

＊在提手上钩30针短针。

＊用同样的线将提手缝在侧面。

17 扣带式化妆包（作品见p.18）

● **材料和工具**

WISTER CROCHET JUTE〈细〉COLOR 深红色（4）75m，直径2cm的纽扣 1颗

钩针8/0号

● **成品尺寸**

包口周长45cm，深10cm

● **密度**

10cm×10cm面积内：短针12针，15行

● **编织要领**

＊底部环形起针，参照图解一边加针一边钩9行短针，接着侧面无需加减针钩13行。暂停编织留线。

＊接线钩扣带部分的锁针。

＊用上面留的线继续钩2行短针。

18 拉链式化妆包（作品见p.18）

● **材料和工具**

WISTER CROCHET JUTE〈细〉COLOR 藏青色（6）75m，20cm的拉链（茶色）1根

钩针8/0号

● **成品尺寸**

包口周长45cm，深10cm

● **密度**

10cm×10cm面积内：短针12针，15行

● **编织要领**

＊底部环形起针，参照图解一边加针一边钩9行短针，接着侧面无需加减针钩15行。

＊在包口缝上拉链。

19 迷你束口袋（作品见p.19）

● **材料和工具**

WISTER CROCHET JUTE〈细〉自然色（1）60m，条纹布35cm×50cm

钩针8/0号

● **成品尺寸**

袋口周长45cm，深5.5cm（不含布的部分）

● **密度**

10cm×10cm面积内：短针12针，15行

● **编织要领**

＊底部环形起针，参照图解一边加针一边钩9行短针，接着侧面无需加减针钩8行。

＊参照p.49布筒的缝制和拼接方法，再与主体缝合。

20 迷你三角布巾袋（作品见p.19）

● **材料和工具**

WISTER CROCHET JUTE〈细〉自然色（1）65m，红色的净面布62cm×33cm

钩针8/0号

● **成品尺寸**

袋口周长45cm，深6.5cm（不含布的部分）

● **密度**

10cm×10cm面积内：短针12针，15行

● **编织要领**

＊底部环形起针，参照图解一边加针一边钩9行短针，接着侧面无需加减针钩10行。

＊参照p.49三角布巾袋的缝制和拼接方法，再与主体缝合。

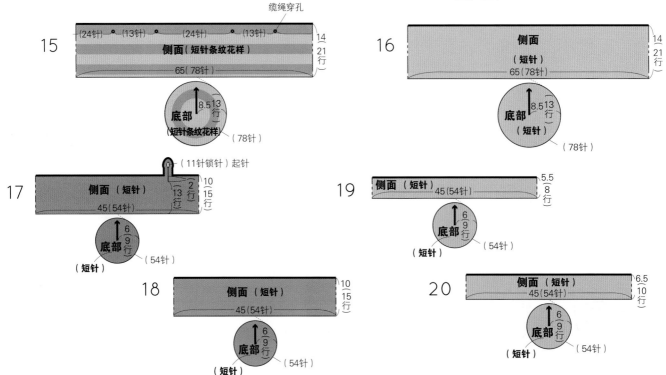

42

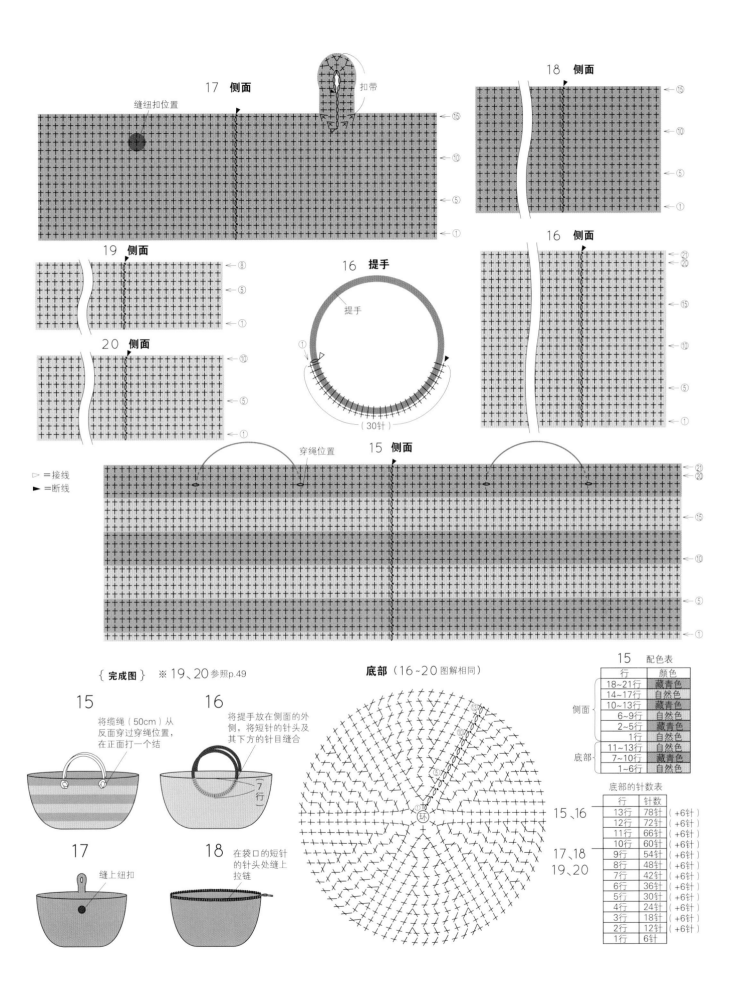

17 **侧面**

缝纽扣位置

扣带

▷ =接线
► =断线

18 **侧面**

19 **侧面**

20 **侧面**

16 **提手**

提手

（30针）

16 **侧面**

穿绳位置

15 **侧面**

｛完成图｝ ※19、20参照p.49

底部（16~20图解相同）

15

将缆绳（50cm）从反面穿过穿绳位置，在正面打一个结

16

将提手放在侧面的外侧，将短针的针头及其下方的针目缝合

（7行）

17

缝上纽扣

18

在袋口的短针的针头处缝上拉链

15 配色表

	行	颜色
侧面	18~21行	藏青色
	14~17行	自然色
	10~13行	藏青色
	6~9行	自然色
	2~5行	藏青色
	1行	自然色
底部	11~13行	自然色
	7~10行	藏青色
	1~6行	自然色

底部的针数表

	行	针数	
15、16	13行	78针	（+6针）
	12行	72针	（+6针）
	11行	66针	（+6针）
	10行	60针	（+6针）
17、18	9行	54针	（+6针）
19、20	8行	48针	（+6针）
	7行	42针	（+6针）
	6行	36针	（+6针）
	5行	30针	（+6针）
	4行	24针	（+6针）
	3行	18针	（+6针）
	2行	12针	（+6针）
	1行	6针	

重点教程 1 | 解说编织要领。阅读时请参照该作品的制作方法。其他作品中有相同的编织方法的，编织时也请作为参考。

21 **户外托特包**（作品见 p.20／制作方法 p.62）

※此处缩减针数和行数（底部=10针×5行）进行说明。为了方便理解使用了另色线。

● 往返编织的底部

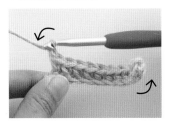

1 从起针的锁针的半针和里山2根线里挑针钩1行短针。钩1针锁针作为第2行的立针，钩针保持不动，将织片逆时针方向翻转至反面。

2 第2行看着反面编织。从前一行右端针目的针头2根线里挑针钩短针。

3 1针短针完成。继续编织，钩至该行结束时用同样的方法翻转织片，奇数行看着正面编织，偶数行看着反面编织。

● 从行、针里挑针

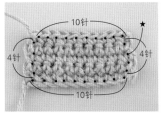

4 底部完成。接着要从5行里挑4针，图中的●是挑针位置，一共挑28针。

5 在步骤4的★处接新线，钩1针锁针的立针后钩短针。

6 1针短针完成。继续编织，钩28针短针后即成1圈。

● 环形的往返编织

7 第1行钩完1圈后在最初的针目里引拔。钩1针锁针作为第2行的立针，然后翻转织片至反面。

8 侧面的第2行是看着反面编织。从第1行最后的针目的针头里挑针钩短针。注意不要从步骤7中引拔后的针目里挑针。

9 1针短针完成。继续钩1圈第2行。奇数行看着正面，偶数行看着反面，按侧面下部的配色钩指定行数。

10 按侧面下部的配色，最后1行钩完1圈后，将钩针插入第1针短针的针头里，接侧面上部的新线引拔。

● 纵向渡线配色

11 钩1针锁针的立针，翻转织物至正面。

12 一边将线头包在里面，一边从前一行的针目里挑针钩短针。

13 在配色的前一针，钩至短针的最后引拔时，接新的配色线后引拔。
※每次配色都接新的线团。此作品使用白色5团、黄色4团共计9个线团。

14 接着，一边将线头包在里面一边用配色线钩短针。

15 换色的前一针，钩至短针的最后引拔时，接下个配色线引拔，然后一边将线头包在里面一边钩短针。

16 同样，一边换色一边钩1圈侧面上段配色的第1行，钩1针锁针作为下一行的立针后将织片翻至反面。

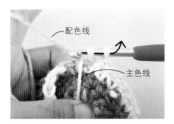

17 看着反面的行编织。换配色线时，将前面钩的主色线放到织片前再编织。

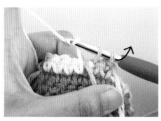

18 每次更换颜色时，都按步骤17钩织。

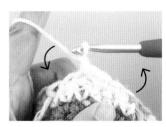

19 钩完侧面上的第2行后，钩1针锁针作为第3行的立针，翻转织物至正面。

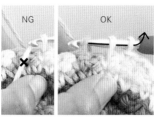

20 看着正面编织该行时，备用的线要放在织物的后面，换成下个颜色继续编织。接下来，一边配色一边做环形的往返编织。

● 往返编织的提手

21 侧面上部编织完成后，将提手编织位置以外的线头都处理好。用提手编织位置留下的备用线钩1针锁针的立针。

22 翻转织物至反面。

23 看着反面，在提手编织位置钩短针。

24 提手钩完1行后钩1针锁针作为下一行的立针，翻转织物至正面。

● 提手的缝合方法

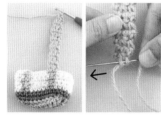

25 钩提手至最后一行，留20cm左右的线头剪断，穿入缝针，再将线头从最后的针目里穿过。

26 将钩好的提手与提手缝合位置对齐，针目对针目，按从前到后，再从后到前的顺序插入缝针。

27 端针穿2次针，将缝针从前面插入从后面穿出。

28 下个针目从后往前插入缝针。

29 缝针再从前插入从后穿出。

30 端针穿2次针，缝针从后插入从前穿出。

31 最后，将缝针插入前1个针目里，从后面将线拉出。

32 拉线后，渡线稍斜。在反面处理好线头，作品完成。

重点教程 2

5 水珠花样的手提包（作品见 p.8 / 制作方法 p.50）

● 短针的条纹针（环形编织的情况）

1 条纹针的行的编织起点。钩1针锁针的立针。从前一行第1针（引拔处）短针的后面半针里挑针。

2 钩短针。

3 1针短针的条纹针完成。下个针目也是从后面半针里挑针钩短针，按同样的要领钩1圈。

● 横向渡线配色钩短针（用条纹针钩织）

4 钩1圈后，下一行为配色线编织行，因为第1针开始就要换色，所以在最后引拔的时候就换成配色线。

5 引拔。钩针上为配色线。

6 一边将主色线包在里面，一边钩1针锁针的立针。

7 继续从前一行针目的后面半针里挑针，将主色线包在里面。

8 钩短针。

9 1针完成。因为第3针开始换色，所以在第2针短针最后引拔的时候，换成主色线。

10 从前一行针目的后面半针里挑针，一边将配色线包在里面一边钩短针。继续按同样的要领一边配色一边钩1圈。

11 一边配色一边钩短针的条纹针，钩完1圈引拔后的状态。

12 钩1针锁针作为下一行的立针时，也一样将主色线包在里面编织。接下来，用同样的方法继续编织。

特别教程

包袋的加固和内衬袋的制作方法

给编织的包袋做好提手和袋口的加固，包会更加耐用。
如果是四边形底的包袋，内衬袋也能简单制作完成。这里介绍加固的2种方法和内衬袋的制作方法。

● 包袋尺寸的测量方法
※ 全部为内侧测量。

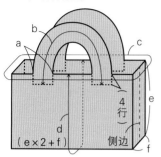

a　提手的宽度
b　提手的长度+两端各4行的长度
c　测量袋口1圈的周长
d　垂直测量袋口→前→底→后→袋口的长度
e　将包袋整理成长方体后测量的高度
f　侧边尺寸

※确认是否d=e×2+f。
如果不对，重新测量使其一致。

● 加固所需材料
※ 红色字是第4款长方形托特包。
（作品见p.7）的尺寸
（a=5, b=33, c=80,
d=46, e=18, f=10）

● 工具
手缝线、手缝针、珠针
※仅限内衬袋。
熨斗、熨台，若有条件可机缝
（机缝针、机缝线）

提手的加固（斜纹布带）

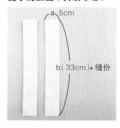

内衬袋（布）　※ 在成品尺寸上加1cm的缝份后再裁剪。

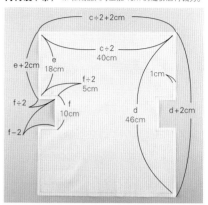

※ 此处为了方便理解使用了颜色显眼的缝线。
实际操作时请使用与手提包颜色一致的缝线。

仅做提手的加固

剪2条斜纹布带（只有1个提手时剪1条），长度为b+2cm缝份。两端向反面折进1cm后平针缝缝1圈。
※平针缝时，针脚的长度与织物的针、行保持一致，效果会很漂亮。

提手＋袋口的加固

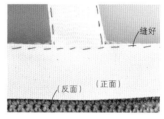

提手加固缝好后，将斜纹布带剪成c+缝份2cm的长度备用。参照图示缝成环状，正面朝外，接缝与手提包的侧边对齐，布带的上端用平针缝缝1圈。下端不用缝，以免过紧。

袋口加固的缝法

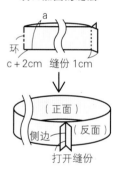

内衬袋　※ 预先做好提手的加固。此时，斜纹布带的两端可以不用向反面折（无需缝份）。

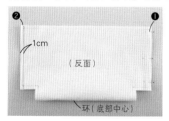

1 将布裁剪成图示尺寸后，正面相对对折，用珠针固定侧边（❶）并缝好（❷）。

2 用熨斗烫开缝份。

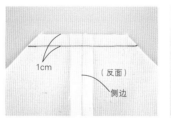

3 侧边接缝与底部中心正面相对缝好侧边角。

4 缝份倒向底部。

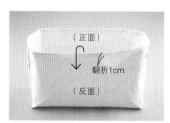

5 袋口1圈向反面翻折1cm。

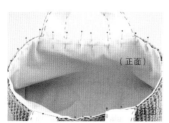

6 将内衬袋与手提包反面相对重叠，对齐侧边和左右中心固定后，再用珠针固定中间各点。

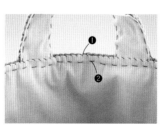

7 首先袋口用卷针缝缝1圈❶，从上往下数第2行再用平针缝缝1圈❷。

8 从手提包外侧看的状态。缝好的线漂亮地嵌入针目里。

{ 本书作品主要使用的线材 }

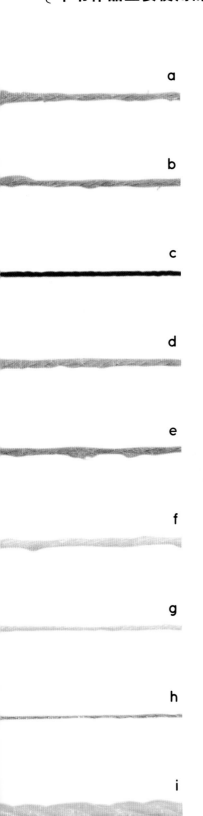

a

b

c

d

e

f

g

h

i

（全部为实物大小）

KOKUYO 麻绳（手工用）（a）

素材：黄麻（Jute）100%
颜色数：2色
销售规格：160m（约250g），480m（约750g）
大筒装，性价比高。即使编织大的包袋，中间也没有接头，成品会很漂亮。

MARCHEN-ART JUTE RAMIE（b）

素材：苎麻50%、黄麻（Jute）50%
颜色数：20色
销售规格：颜色不同规格各异，有65m（约95g）和40m（约55g）。另外，还有10m的小支装。
加入了优质苎麻，颜色数较多。推荐编织彩色的包袋。

MARCHEN-ART HEMP TWINE中粗（c）

素材：麻100%
颜色数：纯色18色，段染9色
销售规格：除了10m的小支装，有的颜色还有75m的大筒装。
不容易掉色、色泽牢固度很好的麻线。经常用于做装饰结，也适合钩针编织。

WISTER CROCHET JUTE〈细〉（d）

素材：黄麻（Jute）100%
颜色数：1色
销售规格：100m（约140g）
※因为是天然纤维，每团的重量有偏差。
与CROCHET JUTE〈细〉COLOR进行配色编织也是非常有趣的。
有实体和网络店铺，辅助材料等也可以一起购买。

WISTER CROCHET JUTE〈细〉COLOR

素材：黄麻（Jute）100%
颜色数：7色
销售规格：35m（约49g）
※因为是天然纤维，每团的重量有偏差。
WISTER CROCHET JUTE〈细〉的彩色版。

DARUMA 手编线麻绳（e）

素材：黄麻（Jute）100%
颜色数：11色
销售规格：100m（约140g）
标准规格的麻绳，颜色较多，也可以选择喜欢的几个颜色享受配色编织的乐趣。

HAMANAKA Comacoma®（f）

素材：黄麻（Jute）100%
颜色数：14色
销售规格：40g（约34m）
开发用于手工艺制作的麻线。柔软、容易编织、没有黄麻特有的气味是这款线的特点。

HAMANAKA 亚麻线〈Linen〉（g）

素材：麻（Linen）100%
颜色数：19色
销售规格：25g（约42m）
在麻线中兼具良好柔软度和光泽感的100%亚麻手工艺用线。

HAMANAKA EMPEROR（h）

素材：人造丝100%
颜色数：9色
销售规格：25g（约170m）
无论是直接使用，还是与其他线合股，都是非常方便编织的金银丝线。

KOKUYO PP绳（i）

在本书p.22作品**23**的室内收纳篮中，用作内芯。绳子的直径4mm。除了图片中的50m/卷，也有100m/卷。

作品制作方法

19 迷你束口袋（作品见p.19）

布筒的缝制和拼接方法

①参照图示裁剪布块
※★＝主体袋口周长÷2
（实际测量，根据需要做调整）。

布筒

布筒

绳带

绳带

50

22

2

布筒

15

6

22.5（★）

26.5

1

35

4

②缝制绳带

（正面）

环

0.3

1

折成四层后缝好

※缝制2条。

③缝制布筒

将2块布筒正面相对重叠，
两侧边缝好，打开缝份。

8

2

12

布筒（反面）

绳带穿孔

2

2

❶缝好

剪掉

剪掉1cm
缝份（两侧）

12

布筒（反面）

对折（两侧）

0.2

❷缝好

布筒（反面）

1

翻折5cm

❹缝好

布筒（反面）

2

2

❸缝好

翻折1cm

布筒（反面）

主体（反面）

1

布筒（反面）

❺缝好

※将布筒和主体正面相对后缝好。
※布筒和主体的侧边（立针）要对齐。

※将布筒翻到正面，缝份倒向布筒一侧，从正面压线。

绳带穿孔

布筒（正面）

❻压线

0.8

主体（正面）

头部打结

绳带

绳带

※将绳带交错着穿过绳带穿孔，
两端打结。

绳带的穿法

---

20 迷你三角布巾袋（作品见p.19）

三角布巾袋的缝制和拼接方法

①参照图示裁剪布块
※★＝主体袋口周长的60%~80%，
根据个人喜好决定。

1.2

1

2

三角布巾

2

30

2

33

三角布巾

1.2

1

34（★）

62

③将主体的立针作为侧边（☆），
将三角布巾的中心☆与主体☆对
齐后缝好袋口

☆

正面相对

☆

缝好

1

三角布巾（反面）

主体（正面）

②两边折成两折后缝好

❶翻折

❷折二折后缝好

三角布巾

❸折二折后缝好

2

2

1

中心☆

0.8

剪掉两端多余的部分

④将三角布巾翻到正面，缝份倒
向三角布巾一侧，从正面压线

平针缝

0.2

缝好

（正面）

压线

0.8

（正面）

缝合2块
三角布

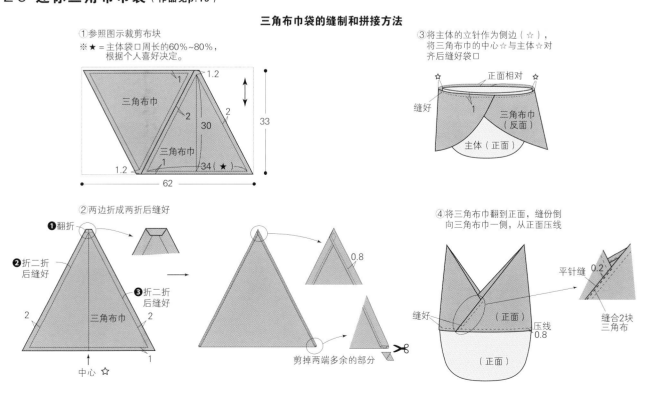

1 圆底环形编织的手拎包（作品见p.4）

● 材料和工具
KOKUYO 麻绳 原色（包装绳-35）260m
钩针8/0号

● 成品尺寸
包口周长80cm，深19.5cm（不含提手）

● 密度
10cm×10cm面积内：短针12.5针，13.5行

●编织要领
＊底部环形起针，参照图解一边加针一边钩17行短针，接着侧面无需加减针钩23行，暂停编织留线。
＊在提手位置接线钩43针锁针（2处）。
＊用手提包主体留下的线在包口和提手的外侧钩3行短针。
＊在提手的内侧钩3行短针。

5 水珠花样的手提包（作品见p.8）

● 材料和工具
HAMANAKA Comacoma红色（7）260g、橘黄色（8）60g
钩针7/0号、8/0号

● 成品尺寸
包口周长67cm，深21.5cm（不含提手）

● 密度
10cm×10cm面积内：短针15针，15行
10cm×10cm面积内：短针的条纹针配色花样
15针×12行

●编织要领
＊底部环形起针，参照图解一边加针一边钩17行短针，接着侧面无需加减针钩2行短针，横向渡线钩21行短针的条纹针配色花样后，暂停编织留线。
＊在提手位置接线钩43针锁针（2处）。
＊用手提包主体留下的线在袋口和提手的外侧钩3行短针。
＊在提手的内侧钩3行短针。

9 带小球挂饰的合股线手提包（作品见p.12）

● 材料和工具
HAMANAKA 亚麻线(Linen) 白色（1）100g，HAMANAKA EMPEROR金色（3）30g
钩针6/0号
（小球挂饰参照p.58）

● 成品尺寸
包口周长52.5cm，深12.5cm（不含提手）

● 密度
10cm×10cm面积内：短针19针，21行

●编织要领
＊底部环形起针，参照图解一边加针一边钩17行短针，接着侧面无需加减针钩23行，暂停编织留线。
＊在提手位置接线钩43针锁针（2处）。
＊用手提包主体留下的线在包口和提手的外侧钩3行短针。
＊在提手的内侧钩3行短针。
＊小球挂饰参照p.58编织，完成后系在提手上。

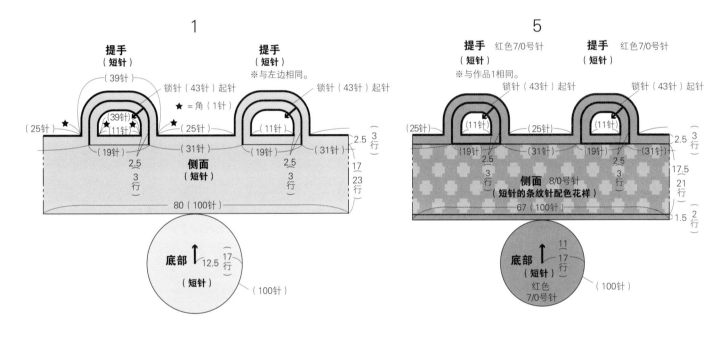

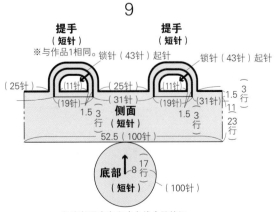

{完成图}

9

将小球挂饰（参照p.58）系在提手上

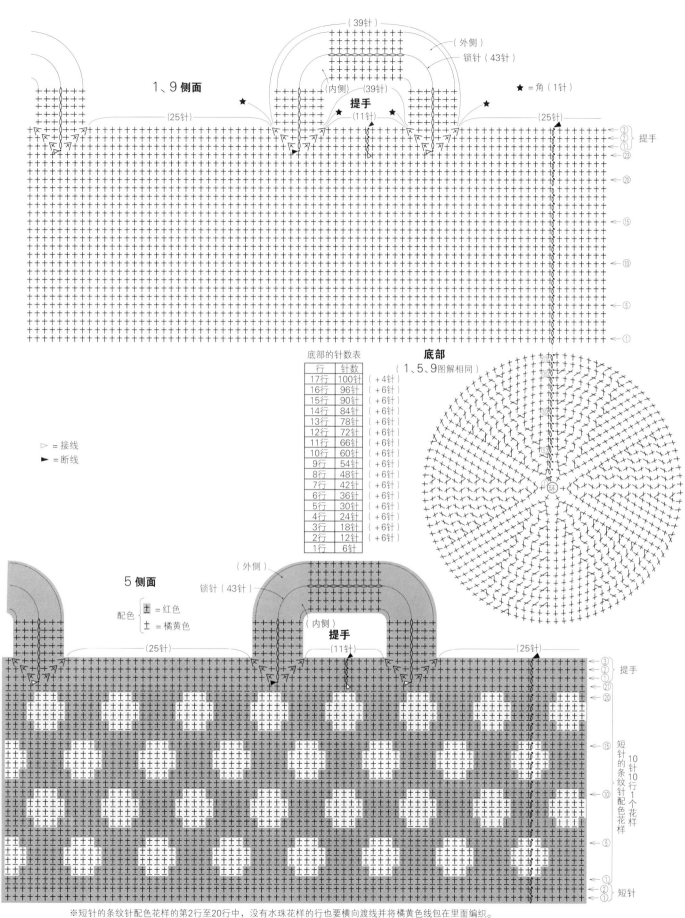

1、9 侧面

（39针）

（外侧）

锁针（43针）

（内侧）（39针）

提手
（11针）

★ =角（1针）

（25针）

（25针）

提手

▷ = 接线

► = 断线

底部的针数表

行	针数	
17行	100针	（+4针）
16行	96针	（+6针）
15行	90针	（+6针）
14行	84针	（+6针）
13行	78针	（+6针）
12行	72针	（+6针）
11行	66针	（+6针）
10行	60针	（+6针）
9行	54针	（+6针）
8行	48针	（+6针）
7行	42针	（+6针）
6行	36针	（+6针）
5行	30针	（+6针）
4行	24针	（+6针）
3行	18针	（+6针）
2行	12针	（+6针）
1行	6针	

底部
（1、5、9图解相同）

5 侧面

（外侧）

锁针（43针）

（内侧）

提手
（11针）

配色 ⨥ = 红色
　　 ⨦ = 橘黄色

（25针）

（25针）

提手

10针10行1个花样

短针的条纹针配色花样

短针

※短针的条纹针配色花样的第2行至20行中，没有水珠花样的行也要横向渡线并将橘黄色线包在里面编织。

2 正方形底环形编织的 手拎包（作品见p.5）

● **材料和工具**
KOKUYO 麻绳 原色（包装绳–35）260m
钩针8/0号

● **成品尺寸**
包口周长80cm，深19.5cm（不含提手）

● **密度**
10cm×10cm面积内：短针12.5针，13.5行

● **编织要领**
＊底部环形起针，参照图解一边加针一边钩13行短针，接着侧面无需加减针钩23行，暂停编织留线。
＊在提手位置钩线钩43针锁针（2处）。
＊用手提包主体留下的线在袋口和提手的外侧钩3行短针。
＊在提手的内侧钩3行短针。

6 水滴花样的手提包（作品见p.9）

● **材料和工具**
HAMANAKA Comacoma 海军蓝色（11）260g、蓝色（5）50g
钩针7/0号、8/0号

● **成品尺寸**
包口周长67cm，深21.5cm（不含提手）

● **密度**
10cm×10cm面积内：短针15针，15行
10cm×10cm面积内：短针的条纹针配色花样15针，12行

● **编织要领**
＊底部环形起针，参照图解一边加针一边钩13行短针，接着侧面无需加减针钩2行短针，横向渡线钩21行短针的条纹针配色花样后，暂停编织留线。
＊在提手位置接线钩43针锁针（2处）。
＊用手提包主体留下的线在袋口和提手的外侧钩3行短针。
＊在提手的内侧钩3行短针。

10 带水滴挂饰的合股 线手提包（作品见p.13）

● **材料和工具**
HAMANAKA 亚麻线(Linen) 白色（1）100g、HAMANAKA EMPEROR 银色（1）30g
钩针6/0号
（水滴挂饰参照p.58）

● **成品尺寸**
包口周长52.5cm，深12.5cm（不含提手）

● **密度**
10cm×10cm面积内：短针19针，21行

● **编织要领**
＊底部环形起针，参照图解一边加针一边钩13行短针，接着侧面无需加减针钩23行，暂停编织留线。
＊在提手位置接线钩43针锁针（2处）。
＊用手提包主体留下的线在袋口和提手的外侧钩3行短针。
＊在提手的内侧钩3行短针。
＊水滴挂饰参照p.58编织，完成后系在提手上。

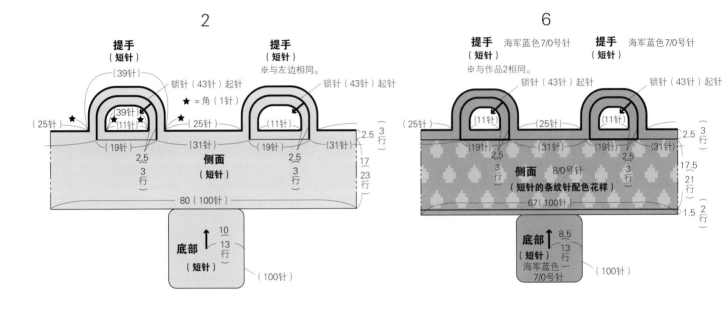

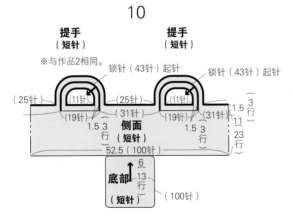

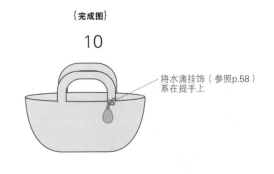

{完成图}

10

将水滴挂饰（参照p.58）系在提手上

※全部用白色和银色线合股编织。

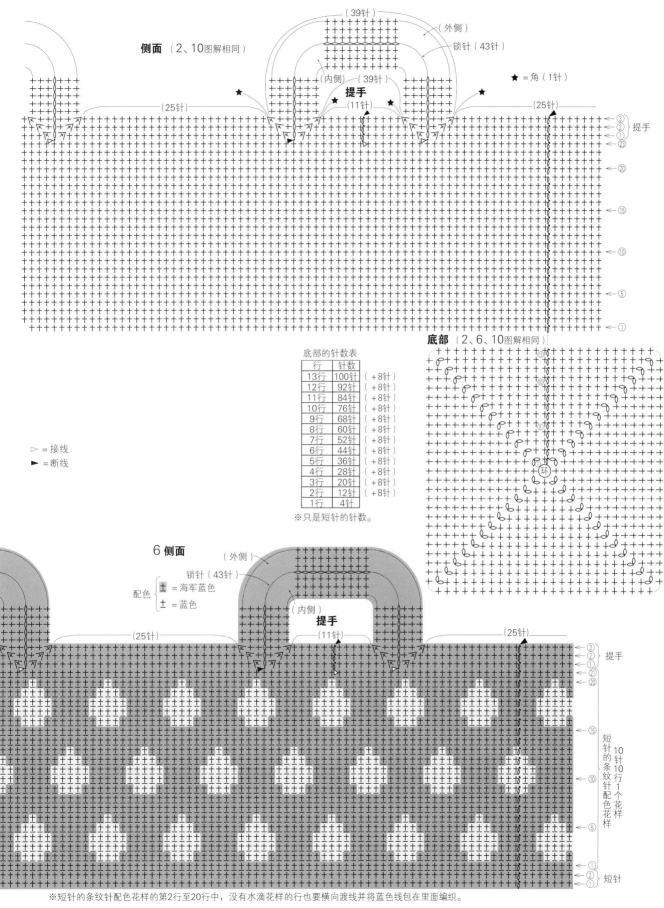

側面 （2、10图解相同）

（39针）
（外侧）
锁针（43针）

★ =角（1针）

（内侧）（39针）

提手
（11针）

（25针）

（25针）

③
②
①   提手
②③

⑳

⑮

⑩

⑤

①

⊳ =接线
► =断线

底部（2、6、10图解相同）

底部的针数表

行	针数	
13行	100针	（+8针）
12行	92针	（+8针）
11行	84针	（+8针）
10行	76针	（+8针）
9行	68针	（+8针）
8行	60针	（+8针）
7行	52针	（+8针）
6行	44针	（+8针）
5行	36针	（+8针）
4行	28针	（+8针）
3行	20针	（+8针）
2行	12针	（+8针）
1行	4针	

※只是短针的针数。

环

6 侧面

（外侧）
锁针（43针）

配色 { ± =海军蓝色
       ± =蓝色

（内侧）

提手
（11针）

（25针）

（25针）

③
②
①   提手
②①
⑳

⑮

⑩

短
针
的
条
纹
针
配
色
花
样

10
针
10
行
1
个
花
样

⑤

①
②
①   短针

※短针的条纹针配色花样的第2行至20行中，没有水滴花样的行也要横向渡线并将蓝色线包在里面编织。

3 椭圆形底往返编织的 手拎包（作品见p.6）

● **材料和工具**
KOKUYO 麻绳 原色（包装绳–35）245m
钩针8/0号

● **成品尺寸**
包口周长80cm，深20cm（不含提手）

● **密度**
10cm×10cm面积内：短针12.5针，13.5行

● **编织要领**
＊底部钩27针锁针起针，参照图解一边加针一边按环形往返编织的方法钩10行短针，接着侧面无需加减针也按环形往返编织的方法钩24行，暂停编织留线。
＊在提手位置接线钩43针锁针（2处）。
＊用手提包主体留下的线在包口和提手的外侧钩3行短针。
＊在提手的内侧钩3行短针。

7 椭圆形花样的手提包（作品见p.10）

● **材料和工具**
HAMANAKA Comacoma 绿色（9）190g、
白色（1）95g
钩针8/0号

● **成品尺寸**
包口周长67cm，深21.5cm（不含提手）

● **密度**
10cm×10cm面积内：短针14针，15行
10cm×10cm面积内：短针的配色花样14针，
14行

● **编织要领**
＊底部钩27针锁针起针，参照图解一边加针一边按环形往返编织的方法钩10行短针，接着侧面无需加减针也按环形往返编织的方法钩3行短针，横向渡线钩21行短针的配色花样后，暂停编织留线。
＊在提手位置接线钩43针锁针（2处）。
＊用手提包主体留下的线在包口和提手的外侧钩3行短针。
＊在提手的内侧钩3行短针。

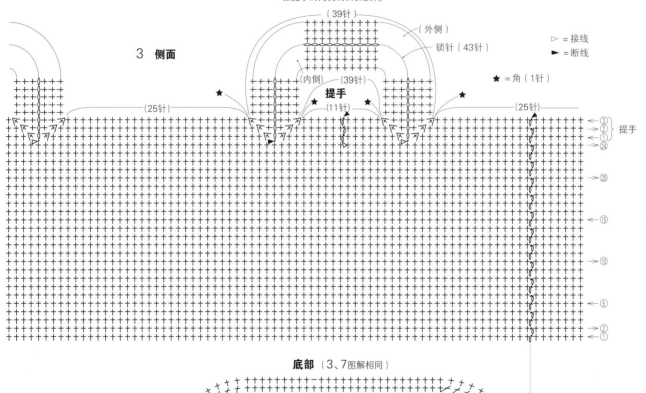

3 侧面

底部（3、7图解相同）

编织起点
（27针）起针

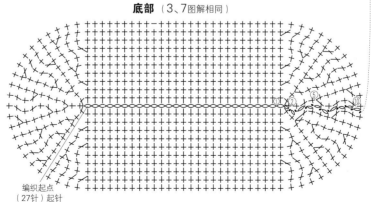

底部的针数表

行	针数	
10行	100针	
9行	100针	（+10针）
8行	90针	
7行	90针	（+10针）
6行	80针	
5行	80针	（+10针）
4行	70针	
3行	70针	（+10针）
2行	60针	
1行	60针	

3

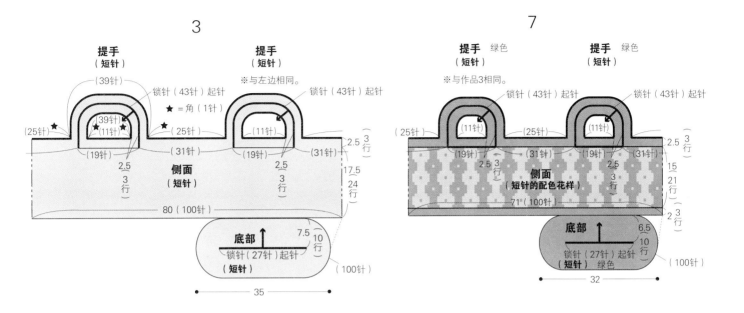

提手
（短针）

（39针）

锁针（43针）起针

提手
（短针）

※与左边相同。

锁针（43针）起针

★ =角（1针）

（25针） ★

（39针）
★ （11针） ★

★（25针）

（11针）

（19针）

（31针）

（19针）

（31针）

2.5
3行

3
行

2.5
3
行

侧面
（短针）

2.5
3
行

17.5
24
行

80（100针）

底部 ↑

7.5
10
行

锁针（27针）起针

（短针）

（100针）

35

7

提手
（短针） 绿色

提手
（短针） 绿色

※与作品3相同。

锁针（43针）起针

锁针（43针）起针

（25针）

（11针）

（25针）

（11针）

（19针）（31针）

2.5
3行

（19针）（31针）

2.5
3
行

15
21
行

3
行

侧面
（短针的配色花样）

2
行

71（100针）

底部 ↑

6.5
10
行

锁针（27针）起针

（短针） 绿色

（100针）

32

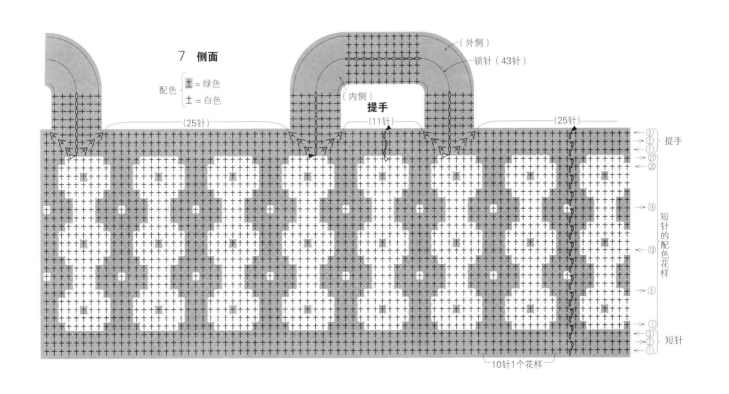

7 侧面

配色 {
土 =绿色
土 =白色

（25针）

（外侧）

锁针（43针）

（内侧）

提手

（11针）

（25针）

③
②
① 提手
㉑
⑳

⑮

⑩ 短针的
配色
花样

⑤

①
③ 短针
②
①

10针1个花样

4 长方形底往返编织的 手拎包（作品见p.7）

● **材料和工具**
KOKUYO 麻绳 原色（包装绳-35）225m
钩针8/0号

● **成品尺寸**
包口周长80cm，深20cm（不含提手）

● **密度**
10cm×10cm面积内：短针12.5针，13.5行

● **编织要领**
＊底部钩21针锁针起针，参照图解一边加针
一边按环形往返编织的方法钩8行短针，接着
侧面无需加减针也按环形往返编织的方法钩
24行，暂停编织留线。
＊在提手位置接线钩43针锁针（2处）。
＊用手提包主体留下的线在包口和提手的外
侧钩3行短针。
＊在提手的内侧钩3行短针。

8 长方形花样的手提包（作品见p.11）

● **材料和工具**
HAMANAKA Comacoma 棕色（10）215g、
白色（1）90g
钩针8/0号

● **成品尺寸**
包口周长67cm，深21.5cm（不含提手）

● **密度**
10cm×10cm面积内：短针14针，15行
10cm×10cm面积内：短针的配色花样14针，
14行

● **编织要领**
＊底部钩21针锁针起针，参照图解一边加针
一边按环形往返编织的方法钩8行短针，接着
侧面无需加减针也按环形往返编织的方法钩3
行短针，横向渡线钩21行短针的配色花样后，
暂停编织留线。
＊在提手位置接线钩43针锁针（2处）。
＊用手提包主体留下的线在袋口和提手的外
侧钩3行短针。
＊在提手的内侧钩3行短针。

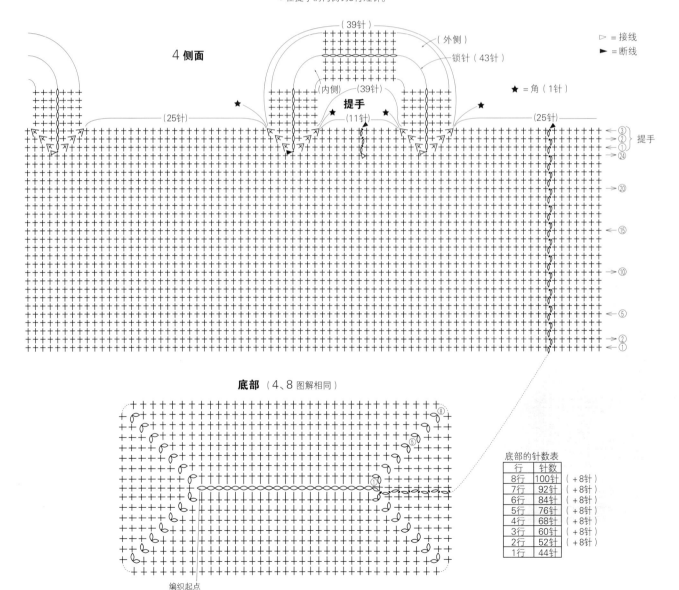

底部（4、8图解相同）

编织起点
（21针）起针

底部的针数表

行	针数	
8行	100针	（＋8针）
7行	92针	（＋8针）
6行	84针	（＋8针）
5行	76针	（＋8针）
4行	68针	（＋8针）
3行	60针	（＋8针）
2行	52针	（＋8针）
1行	44针	

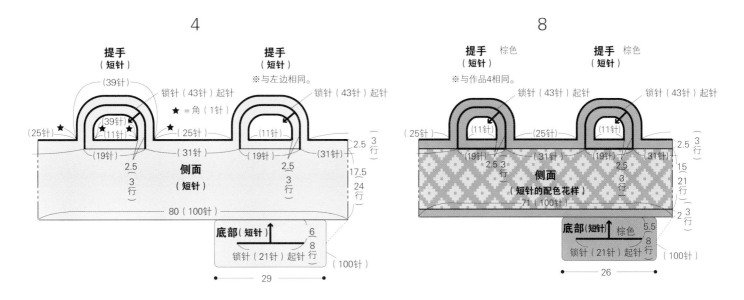

4

提手
（短针）

提手
（短针）

（39针）

锁针（43针）起针

锁针（43针）起针

※与左边相同。

★＝角（1针）

（39针）

（25针）

（11针）

（11针）

（25针）

（19针）

（31针）

（19针）

（31针）

2.5

3行

侧面
（短针）

2.5

3行

2.5

3行

17.5
24行

80（100针）

底部（短针）↑

6
8行

锁针（21针）起针

100针

29

8

提手
（短针）棕色

提手
（短针）棕色

※与作品4相同。

锁针（43针）起针

锁针（43针）起针

（25针）

（11针）

（25针）

（11针）

（25针）

（19针）

（31针）

（19针）

（31针）

2.5

3行

侧面
（短针的配色花样）

2.5

3行

15
21行

71（100针）

2
3行

底部（短针）↑ 棕色

5.5
8行

锁针（21针）起针

100针

26

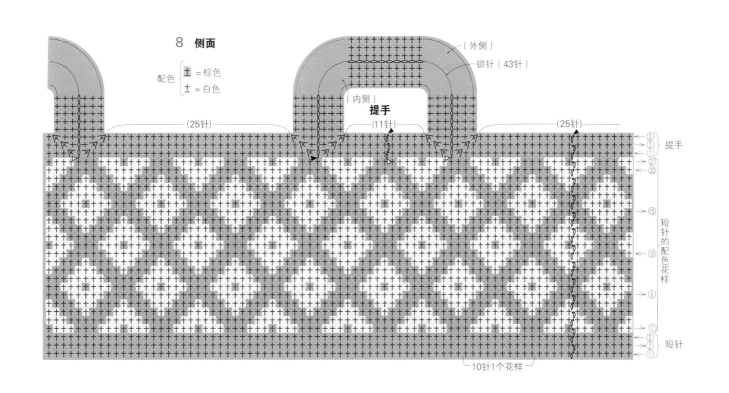

8 侧面

配色 { ± ＝棕色 ± ＝白色

（外侧）

锁针（43针）

（内侧）

提手

（11针）

（25针）

（25针）

③
②
①
㉑
⑳

提手

⑮

短针的配色花样

⑩

⑤

①

③
②
①

短针

10针1个花样

13 移动口袋 （作品见p.16）

● 材料和工具
WISTER CROCHET JUTE〈细〉COLOR 深红色（4）
30m，挂扣1个，D形环1个
钩针8/0号

● 成品尺寸
袋口周长20cm，深9.5cm（不含提手）

● 密度
10cm×10cm面积内：短针12针，15行

● 编织要领
＊底部钩8针锁针起针，参照图解一边加针一边钩2行短针，接着侧面无需加减针钩14行。
＊在提手位置钩20针锁针，再钩1行短针。在提手的一端缝上金属挂扣。
＊在侧面缝D形环的位置缝上D形环。

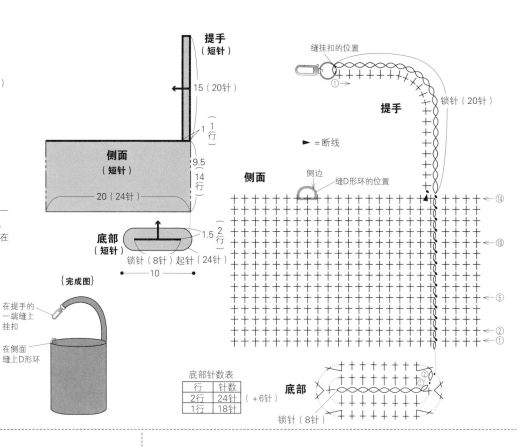

提手
（短针）

15（20针）

1行

侧面
（短针）

9.5
14行

20（24针）

底部
（短针）

1.5
2行

锁针（8针）起针（24针）

10

缝挂扣的位置

提手

锁针（20针）

► ＝断线

侧面

侧边

缝D形环的位置

⑭

⑩

⑤

②
①

底部

锁针（8针）

底部针数表

行	针数	
2行	24针	（+6针）
1行	18针	

{完成图}

在提手的一端缝上挂扣

在侧面缝上D形环

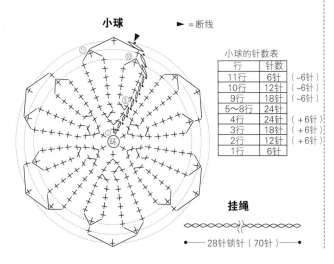

---

9 小球挂饰 （作品见p.12）

● 材料和工具
HAMANAKA EMPEROR 金色（3）5g，填充棉 少量
钩针4/0号

● 成品尺寸
小球直径3.5cm

● 编织要领
全部用2股线编织。
＊小球环形起针，参照图解一边加减针一边钩11行短针，将线穿过最后一行，塞入填充棉后拉紧。
＊钩70针锁针作为挂绳。
＊将挂绳缝在小球的编织终点。

{完成图}

将挂绳编织的两终端缝在小球

小球

编织起点

3.5

小球

► ＝断线

小球的针数表

行	针数	
11行	6针	（−6针）
10行	12针	（−6针）
9行	18针	（−6针）
5～8行	24针	
4行	24针	（+6针）
3行	18针	（+6针）
2行	12针	（+6针）
1行	6针	

挂绳

28针锁针（70针）

---

10 水滴挂饰 （作品见p.13）

● 材料和工具
HAMANAKA EMPEROR 银色（1）5g，填充棉 少量
钩针4/0号

● 成品尺寸
3.5cm×5cm（不含挂绳）

● 编织要领
全部用2股线编织。
＊水滴环形起针，参照图解一加减针一边钩13行短针，将线穿过最后一行，塞入填充棉后拉紧。
＊钩60针锁针作为挂绳。
＊将挂绳缝在水滴的编织终点。

{完成图}

将编织挂绳终点的两端缝在水滴

水滴

5

3.5

编织起点

水滴

► ＝断线

水滴的针数表

行	针数	
13行	3针	（−3针）
12行	6针	（−6针）
11行	12针	
10行	12针	（−6针）
9行	18针	
8行	18针	（−6针）
5～7行	24针	
4行	24针	（+6针）
3行	18针	（+6针）
2行	12针	（+6针）
1行	6针	

挂绳

24针锁针（60针）

23 室内收纳篮（作品见p.22）

● **材料和工具**
KOKUYO 麻绳 原色（包装绳-35）240m，
PP绳（包装绳-52NW）25m
钩针8/0号

● **成品尺寸**
口部周长100cm，深12.5cm（不含提手）

● **密度**
10cm×10cm面积内：短针13.5针，10.5行

● **编织要领**
＊底部环形起针，参照图解，无需钩立针，一边加针一边环形钩17行短针，接着侧面无需加减针也用同样的方法钩13行。
＊继续在提手①的位置钩25针锁针，从锁针的半针和里山挑针钩1行短针。
＊在提手②的位置接线，用与提手①同样的方法编织提手②。

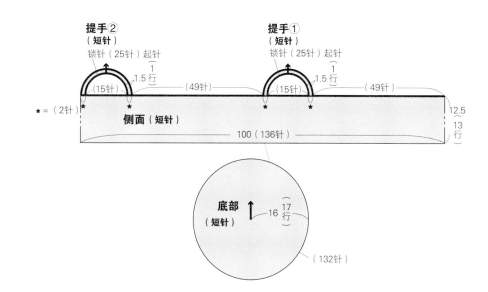

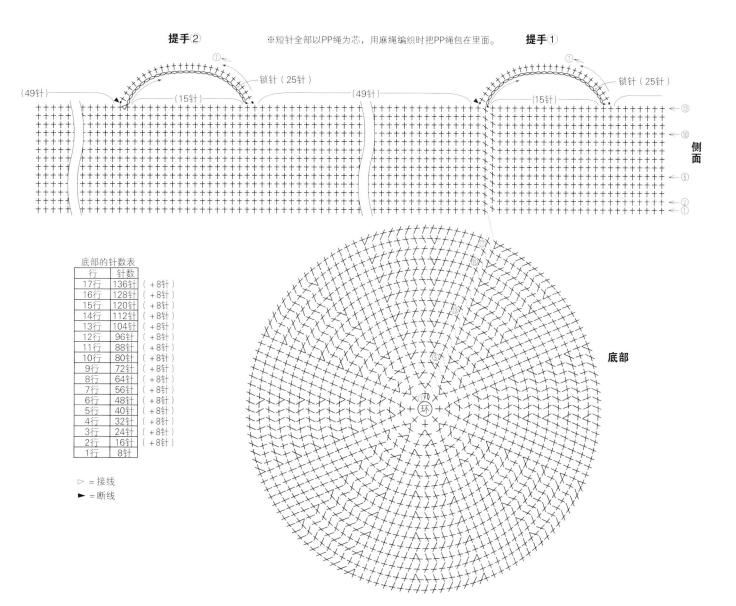

底部的针数表

行	针数	
17行	136针	（+8针）
16行	128针	（+8针）
15行	120针	（+8针）
14行	112针	（+8针）
13行	104针	（+8针）
12行	96针	（+8针）
11行	88针	（+8针）
10行	80针	（+8针）
9行	72针	（+8针）
8行	64针	（+8针）
7行	56针	（+8针）
6行	48针	（+8针）
5行	40针	（+8针）
4行	32针	（+8针）
3行	24针	（+8针）
2行	16针	（+8针）
1行	8针	

▷ ＝接线
► ＝断线

11 椭圆形底钩入
串珠的手提包（作品见p.14）

● 材料和工具
MARCHEN–ART HEMP TWINE中粗 深棕色（324）230m，直径6mm的木珠（金色／W1347）75颗
钩针6/0号

● 成品尺寸
包口周长67cm，深15cm（不含提手）

● 密度
10cm×10cm面积内：短针15针，18行

● 编织要领
＊底部钩27针锁针起针，参照图解一边加针一边按环形往返编织的方法钩10行短针，接着侧面无需加减针，也按环形往返编织的方法钩19行后断线。将75颗串珠穿入线中，一边在反面行钩入串珠一边钩5行短针。暂停编织留线。
＊在提手位置接线钩43针锁针（2处）。
＊用手提包主体留下的线在包口和提手的外侧钩3行短针。
＊在提手的内侧钩3行短针。

12 长方形底钩入
串珠的手提包（作品见p.15）

● 材料和工具
MARCHEN–ART HEMP TWINE中粗 黑色（326）225m，直径6mm的木珠（银色／W1348）75颗
钩针6/0号

● 成品尺寸
包口周长67cm，深15cm（不含提手）

● 密度
10cm×10cm面积内：短针15针，18行

● 编织要领
＊底部钩21针锁针起针，参照图解一边加针一边按环形往返编织的方法钩8行短针，接着侧面无需加减针，也按环形往返编织的方法钩19行后断线。将75颗串珠穿入线中，一边在反面行钩入串珠一边钩5行短针。暂停编织留线。
＊在提手位置接线钩43针锁针（2处）。
＊用手提包主体留下的线在包口和提手的外侧钩3行短针。
＊在提手的内侧钩3行短针。

11

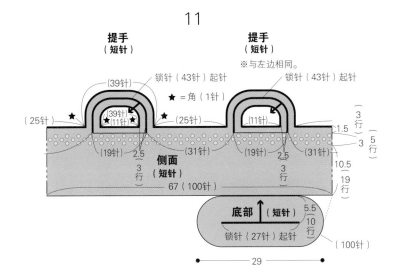

12

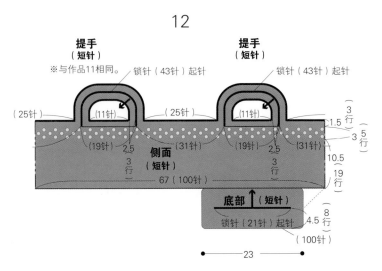

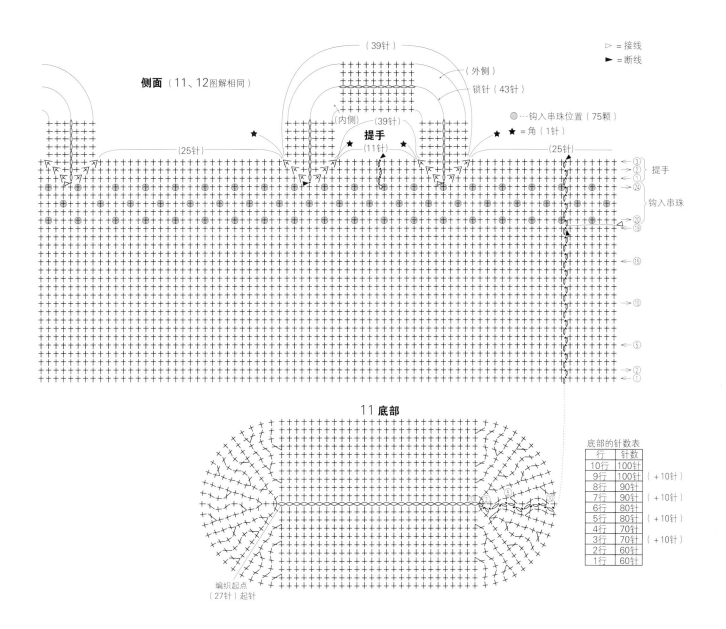

侧面 （11、12图解相同）

（39针）

（外侧）

锁针（43针）

（内侧）（39针）

提手
（11针）

（25针）

（25针）

▷ = 接线
► = 断线

●…钩入串珠位置（75颗）

★ = 角（1针）

③
②
①
} 提手

②④

钩入串珠

②⑩
⑲

⑮

⑩

⑤

②
①

11 底部

编织起点
（27针）起针

底部的针数表

行	针数	
10行	100针	
9行	100针	（+10针）
8行	90针	
7行	90针	（+10针）
6行	80针	
5行	80针	（+10针）
4行	70针	
3行	70针	（+10针）
2行	60针	
1行	60针	

12 底部

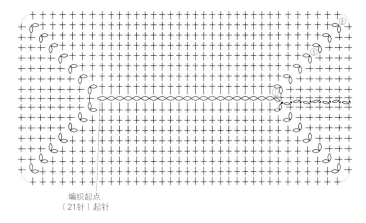

编织起点
（21针）起针

底部的针数表

行	针数	
8行	100针	（+8针）
7行	92针	（+8针）
6行	84针	（+8针）
5行	76针	（+8针）
4行	68针	（+8针）
3行	60针	（+8针）
2行	52针	（+8针）
1行	44针	

21 户外托特包（作品见p.20）

● **材料和工具**
HAMANAKA Comacoma 黄色（3）205g、
白色（1）185g
钩针8/0号

● **成品尺寸**
包口周长94cm，深19cm（不含提手）

● **密度**
10cm×10cm面积内：短针14针，15行

● **编织要领**
参照p.44的教程。
＊底部钩44针锁针起针，钩23行短针。侧面
在编织起点位置接线，从底部1圈一共挑132
针，钩29行短针。从第7行开始，纵向渡线一
边配色一边编织。
＊提手从侧面挑6针（2处），钩36行短针。用
编织结束时的线将编织终点（♥）与（★）分
别用卷针缝缝在侧面♡与☆的位置。

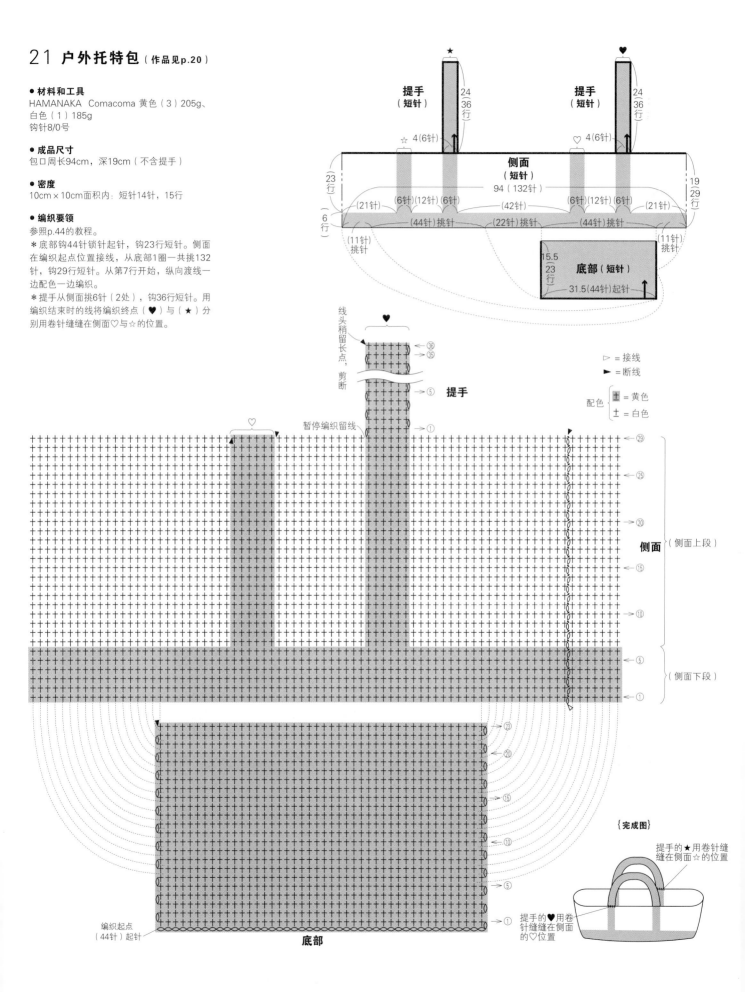

★

提手（短针） 24/36行

提手（短针） 24/36行

☆ 4(6针)

♡ 4(6针)

侧面（短针）

94（132针）

23行

19/29行

6行

(21针) (6针)(12针)(6针) (42针) (6针)(12针)(6针) (21针)

(44针)挑针 (22针)挑针 (44针)挑针

(11针)挑针

(11针)挑针

15.5/23行 底部（短针）

31.5(44针)起针

线头稍留长点、剪断

♥

36
35

5

提手

暂停编织留线

①

▷ = 接线
► = 断线

配色 ± = 黄色
± = 白色

♡

29

25

20

15

10

5

侧面（侧面上段）

（侧面下段）

底部

23

20

15

10

5

①

【完成图】

提手的★用卷针缝缝在侧面☆的位置

提手的♥用卷针缝缝在侧面的♡位置

编织起点
（44针）起针

底部

22 户外挎包（作品见p.21）

● **材料和工具**
HAMANAKA Comacoma 白色（1）230g、
灰色（13）225g
钩针8/0号

● **成品尺寸**
包口周长71cm，深28.5cm（不含提手）

● **密度**
10cm×10cm面积内：短针14针，15行

● **编织要领**
参照p.44的教程。
＊底部钩36针锁针起针，钩15行短针。侧面
在编织起点位置接线，从底部1圈一共挑100
针，钩43行短针。从第9行开始，纵向渡线一
边配色一边编织。
＊提手从侧面挑8针，钩106行短针。用编织终
点（♥）的线做卷针缝缝在侧面的♡位置。

▷ ＝接线
► ＝断线

配色 { ┼ ＝灰色
       ┼ ＝白色

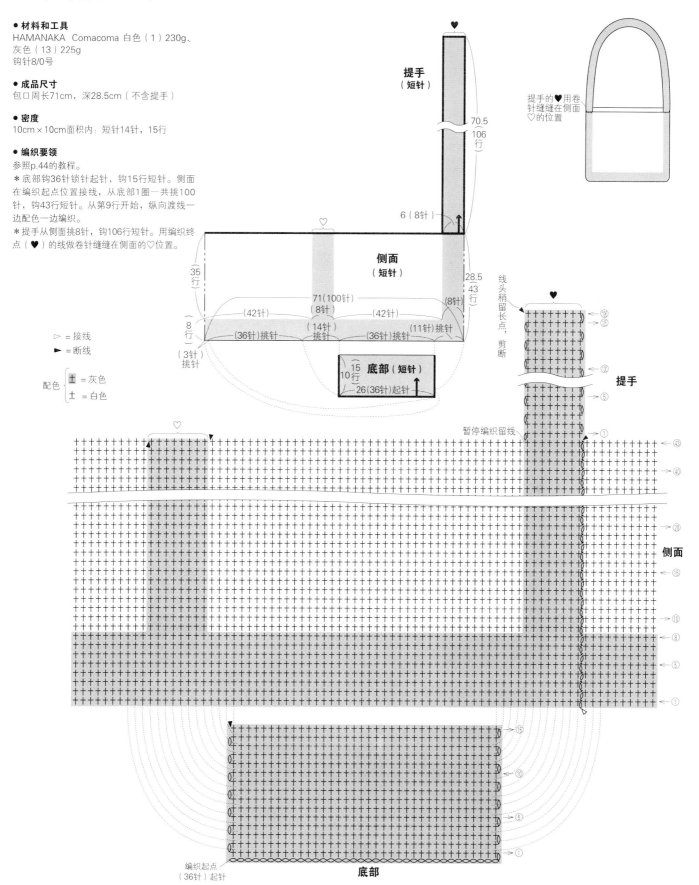

提手的♥用卷
针缝缝在侧面
♡的位置

提手
（短针）

70.5
106
行

6（8针）

侧面
（短针）

71（100针）
（8针）

（42针）　（42针）

（14针）
挑针

（36针）挑针　（36针）挑针　（11针）挑针

（3针）
挑针

8
行

35
行

28.5
43
行

底部（短针）

15
10行

26（36针）起针

线头稍留长点，
剪断

提手

暂停编织留线

侧面

底部

编织起点
（36针）起针

63

25 小狗小物收纳盒（作品见p.25）

● **材料和工具**
MARCHEN-ART JUTE RAMIE 原色（551）
100g、红色（553）35g，直径12mm的木珠
（茶色／MA2202）2颗，小山羊皮（茶色）
少量，直径15mm的纽扣1颗
钩针8/0号、手缝线、缝针、黏合剂

● **成品尺寸**
脸部周长20cm，深7.5cm（脸部）

● **密度**
10cm×10cm面积内：短针12针，13行

● **编织要领**
＊脸的底部钩5针锁针起针，参照图解一边加
针一边钩8行短针。接着侧面一边减针一边钩
10行。
＊帽子钩5针锁针起针，参照图解一边加针一
边钩8行短针。
＊耳朵环形起针，参照图解一边加减针一边
钩9行短针。
＊参照完成图缝合各部分。

耳朵 原色 2只

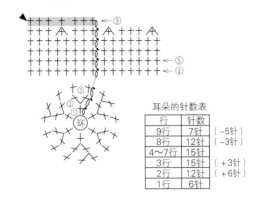

耳朵的针数表

行	针数	
9行	7针	（−5针）
8行	12针	（−3针）
4～7行	15针	
3行	15针	（＋3针）
2行	12针	（＋6针）
1行	6针	

脸 原色 1个

★钩入耳朵位置
与耳朵的第9行正
面的7针重叠编织

缝串珠位置（眼睛）

★

侧面

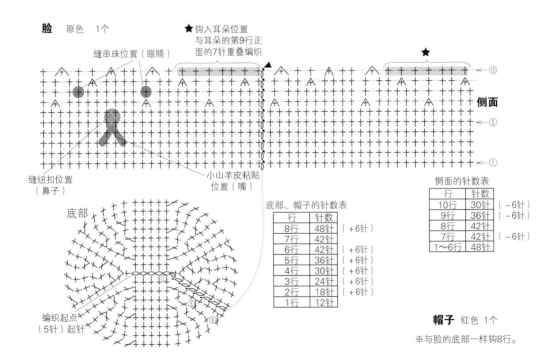

缝纽扣位置
（鼻子）

小山羊皮粘贴
位置（嘴）

底部

底部、帽子的针数表

行	针数	
8行	48针	（＋6针）
7行	42针	
6行	42针	（＋6针）
5行	36针	（＋6针）
4行	30针	（＋6针）
3行	24针	（＋6针）
2行	18针	（＋6针）
1行	12针	

侧面的针数表

行	针数	
10行	30针	（−6针）
9行	36针	（−6针）
8行	42针	
7行	42针	（−6针）
1～6行	48针	

编织起点
（5针）起针

帽子 红色 1个
※与脸的底部一样钩8行。

帽饰 红色 1个

嘴 1个
小山羊皮

实物大
纸型

{完成图}

耳朵

脸

帽饰缝在
中心位置

0

帽子

※参照图示，在脸部
用黏合剂粘贴嘴，
再缝上串珠和纽扣。

26 小兔子小物收纳盒 （作品见p.25）

● **材料和工具**
MARCHEN-ART JUTE RAMIE 白色（552）
110g，直径12mm的木珠（红色／MA2202）
2颗，小山羊皮（茶色）少量，直径15mm的
纽扣1颗
钩针8/0号、手缝线、缝针、黏合剂

● **成品尺寸**
脸部周长20cm，深7.5cm（脸部）

● **密度**
10cm×10cm面积内：短针12针，13行

● **编织要领**
＊脸的底部钩5针锁针起针，参照图解一边加针一边钩8行短针。接着侧面一边减针一边钩10行。
＊头部钩5针锁针起针，参照图解一边加针一边钩8行短针。
＊耳朵环形起针，参照图解一边加针一边钩7行短针。
＊参照完成图缝合各部分。

耳朵 2个

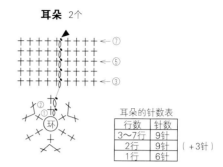

耳朵的针数表

行数	针数	
3～7行	9针	
2行	9针	（+3针）
1行	6针	

脸 1个

► = 断线

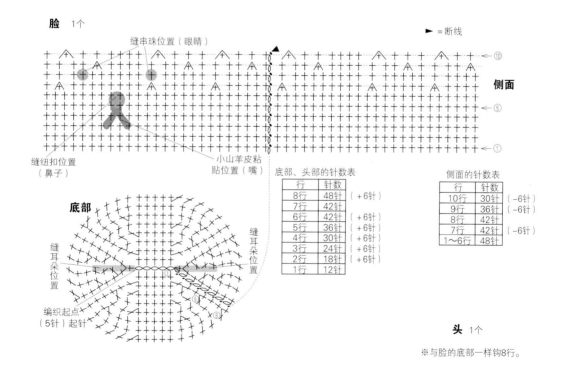

缝串珠位置（眼睛）

侧面

缝纽扣位置（鼻子）

小山羊皮粘贴位置（嘴）

底部

缝耳朵位置

缝耳朵位置

编织起点（5针）起针

底部、头部的针数表

行	针数	
8行	48针	（+6针）
7行	42针	
6行	42针	（+6针）
5行	36针	（+6针）
4行	30针	（+6针）
3行	24针	（+6针）
2行	18针	（+6针）
1行	12针	

侧面的针数表

行	针数	
10行	30针	（-6针）
9行	36针	（-6针）
8行	42针	
7行	42针	（-6针）
1～6行	48针	

头 1个

※与脸的底部一样钩8行。

{ **完成图** }

脸

将耳朵与织物重叠，缝在头部的耳朵位置

头

※参照图示，在脸部用黏合剂粘贴嘴，再缝上串珠和纽扣。

嘴 1个

小山羊皮

实物大纸型

24 报纸收纳篮（作品见p.23）

● **材料和工具**
KOKUYO 麻绳 白色（包装绳–35W）560m，
直径15mm长30cm的小木棍2根
钩针8/0号

● **成品尺寸**
口部周长124cm，深23cm（不含提手）

● **密度**
10cm×10cm面积内：短针11针，13行

● **编织要领**
＊侧面、底部参照图解编织。由编织起点❶开始编织，按侧面①、底部、侧面②的顺序钩短针。
＊侧边角钩28针锁针起针，钩29行短针。钩2片。
＊在侧面①和②的开口处钩1行短针。
＊将侧面①、底部、侧面②与侧边角正面朝外对齐，一边钩1行短针一边拼接。
＊将侧面的翻折部分往内折后缝合。在翻折部分里插入小木棍作为提手。

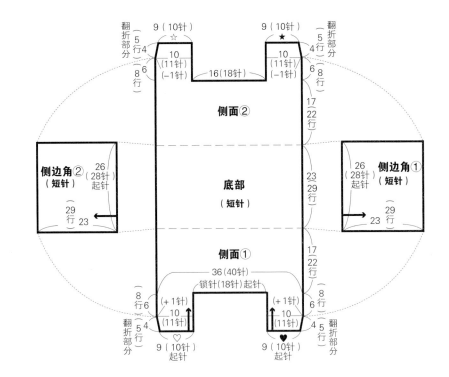

〔**完成图**〕

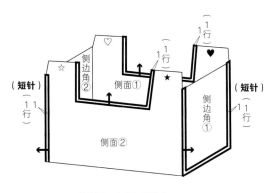

※将侧面、底部与侧边角
正面朝外对齐，钩短针
拼接成箱形。

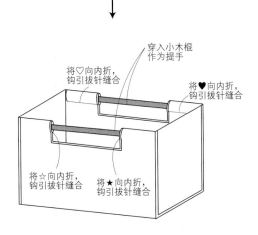

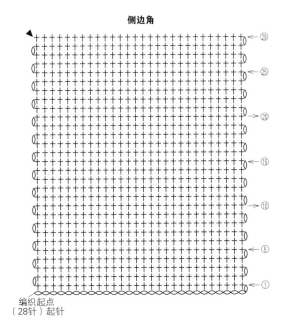

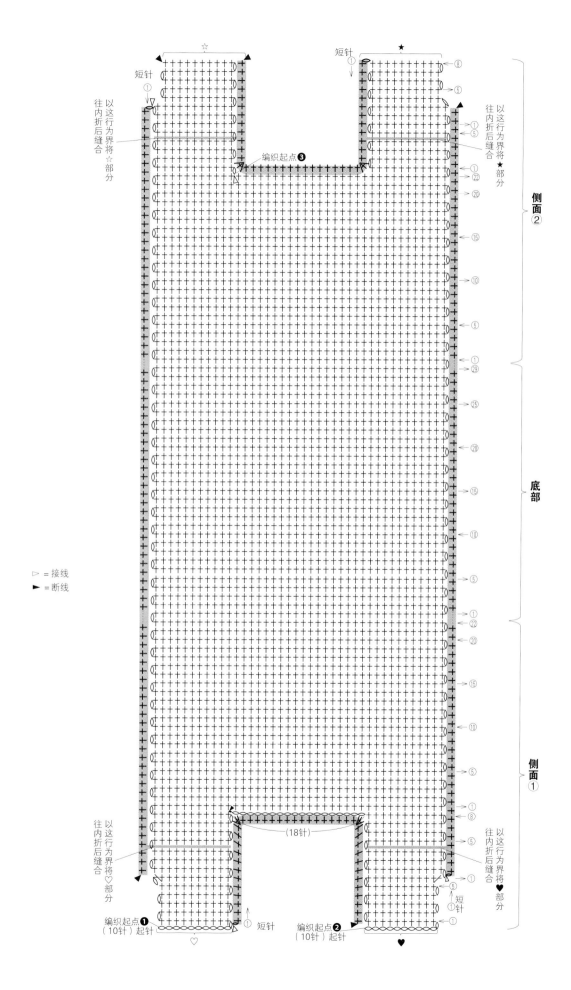

短针
①

☆

短针
①

★

⑧

⑤

以这行为界将往内折后缝合☆部分

编织起点 ❸

以这行为界将往内折后缝合 ★部分

①
⑤

①
22

20

侧面②

⑮

⑩

⑤

①
29

25

▷ = 接线

► = 断线

20

底部

⑮

⑩

⑤

①
22

20

⑮

⑩

⑤

①
8

以这行为界往内折后缝合♡部分

(18针)

①
⑤

以这行为界将往内折后缝合♥部分

侧面①

编织起点 ❶
（10针）起针

短针

编织起点 ❷
（10针）起针

♡

♥

①

⑤ 短针
①

①

27 皮革包边马尔歇包（作品见p.26）

● **材料和工具**
DARUMA手编线 麻绳 原色（1）200m，宽40mm的软皮革 深棕色、蓝色各50cm，蓝绿色36cm，黄绿色34cm
钩针8/0号、皮革用麻质手缝线、缝针、锥子、黏合剂

● **成品尺寸**
包口周长85cm，深28cm（不含提手）

● **密度**
10cm×10cm面积内：短针13针，14行

● **编织要领**
＊主体环形起针，参照图解一边加针一边钩39行短针。
＊提手和袋口包边部分参照图示，用软皮革制作完成后，分别缝在主体上。

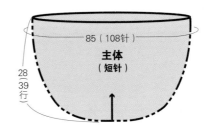

提手的制作方法

①软皮革的裁剪

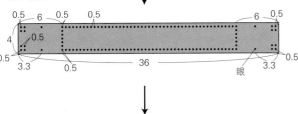

②打眼方法

③缝制方法

端部缝2次　对折后平针缝　端部缝2次

袋口的包边方法

①软皮革的裁剪

❻ 黄绿色	❺ 蓝绿色	❹ 深棕色	❸ 黄绿色	❷ 蓝色	❶ 蓝绿色 |4
18	20	14	16	14	16

②打眼方法

0.5　1　　0.5　0.5
4　　　　　　　0.5
眼　　　14

※其他打眼处也按同样的间隔打眼。

③缝制方法

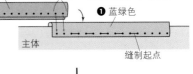

❷ 蓝色　每次与下一块皮革重叠2个眼缝合
❶ 蓝绿色
主体　　缝制起点

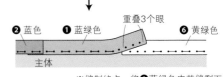

❷ 蓝色　❶ 蓝绿色　重叠3个眼　❻ 黄绿色
主体

※缝制终点，将❶蓝绿色皮革缝剩下的一头抬起来，将❻黄绿色的一头放在下面，重叠后缝合。

{**完成图**}

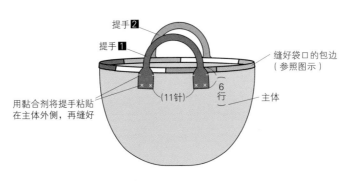

提手❷
提手❶
缝好袋口的包边（参照图示）
用黏合剂将提手粘贴在主体外侧，再缝好
（11针）　6行　主体

68

主体

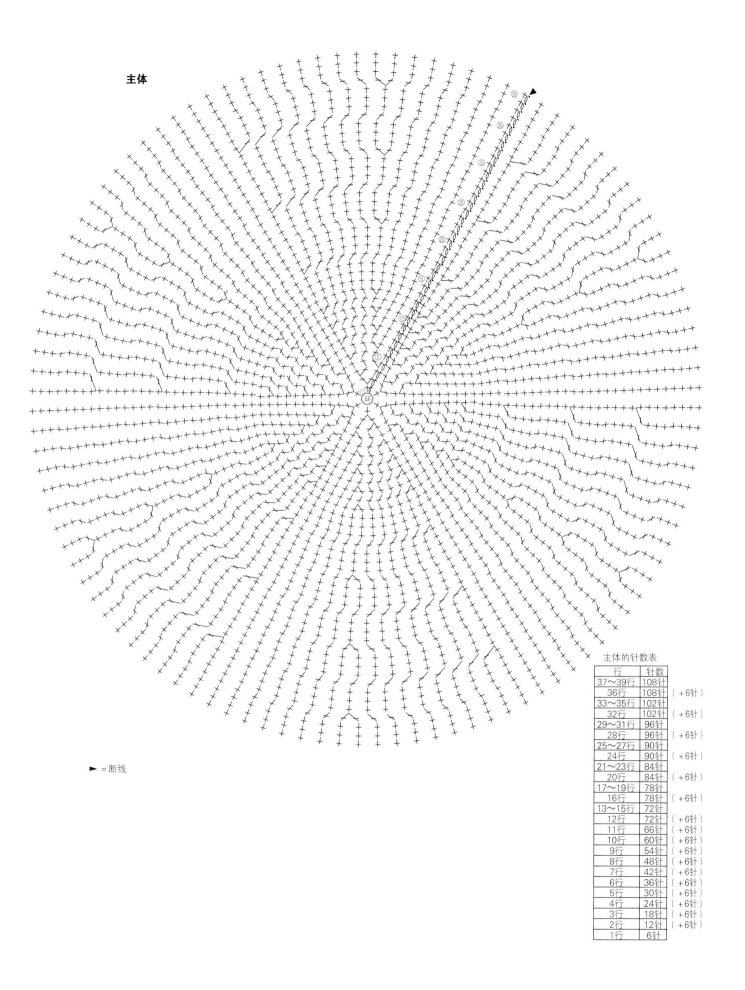

► = 断线

主体的针数表

行	针数	
37～39行	108针	
36行	108针	（＋6针）
33～35行	102针	
32行	102针	（＋6针）
29～31行	96针	
28行	96针	（＋6针）
25～27行	90针	
24行	90针	（＋6针）
21～23行	84针	
20行	84针	（＋6针）
17～19行	78针	
16行	78针	（＋6针）
13～15行	72针	
12行	72针	（＋6针）
11行	66针	（＋6针）
10行	60针	（＋6针）
9行	54针	（＋6针）
8行	48针	（＋6针）
7行	42针	（＋6针）
6行	36针	（＋6针）
5行	30针	（＋6针）
4行	24针	（＋6针）
3行	18针	（＋6针）
2行	12针	（＋6针）
1行	6针	

28 皮革提手的网袋（作品见p.27）

● **材料和工具**
DARUMA手编线 麻绳 原色（1）145m，宽
40mm的软皮革 蓝绿色50cm 2块
钩针8/0号、皮革用麻质手缝线、缝针、锥子、黏合剂

● **成品尺寸**
袋口周长62cm，深33cm（不含提手）

● **密度**
10cm×10cm面积内：编织花样18.5针，6行

● **编织要领**
＊主体钩57针锁针起针，从锁针挑针1圈后环形钩20行花样。
＊提手参照制作图，用软皮革制作完成后，缝在主体上。

提手的制作方法

① 软皮革的裁剪

2组

4

♥ 36   14

② 将裁剪好的皮革粘贴在一起

♥   放上

涂上黏合剂

③ 打眼方法

0.5   0.5
0.5
0.5

眼

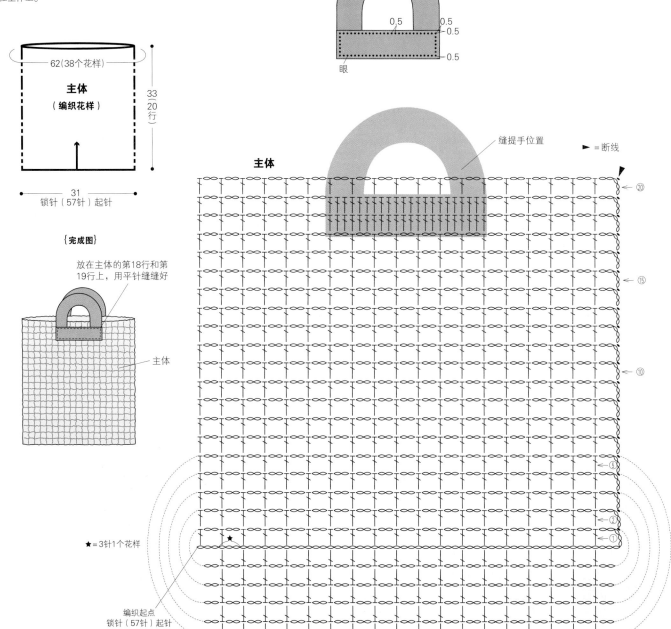

62（38个花样）

主体
（编织花样）

33
（20行）

31
锁针（57针）起针

〔完成图〕

放在主体的第18行和第19行上，用平针缝缝好

主体

缝提手位置

►＝断线

主体

★＝3针1个花样

编织起点
锁针（57针）起针

⟵ ⑳
⟵ ⑮
⟵ ⑩
⟵ ⑤
⟵ ②
⟵ ①

70

31 不织布提手的手提包（作品见p.30）

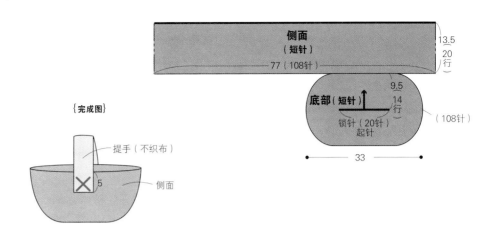

侧面
（短针）
77（108针）
13.5
20
行

〔完成图〕

9.5
底部（短针）
14
锁针（20针）
起针
14
（108针）
提手（不织布）
5
侧面
33

● 材料和工具
HAMANAKA Comacoma 棕色（10）245g，
4mm厚的不织布 6cm×35cm，6mm宽的皮
革绳20cm 4根
钩针8/0号、手缝线、缝针、直径3mm的穿
孔器、锥子

● 成品尺寸
包口周长77cm，深13.5cm（不含提手）

● 密度
10cm×10cm面积内：短针14针，15行

● 编织要领
＊底部钩20针锁针起针，参照图解一边加针一
边钩14行短针，接着侧面无需加减针钩20行。
＊在提手（不织布）的穿皮革绳位置用穿孔器
预先打好孔（8处）。整理钩织好的主体，决
定中心位置，放上提手后用平针缝缝好。将
皮革绳穿进打好的孔里在反面打结。

不织布提手的缝制方法

用打孔器
打的孔
0.7
0.7
0.7
0.7
5
用锥子打的眼
打孔位置

（正面）
平针缝缝2次

（正面）
穿入皮革绳后在反面打结
（反面）

（正面）
穿入另一根皮革绳后打结

► = 断线

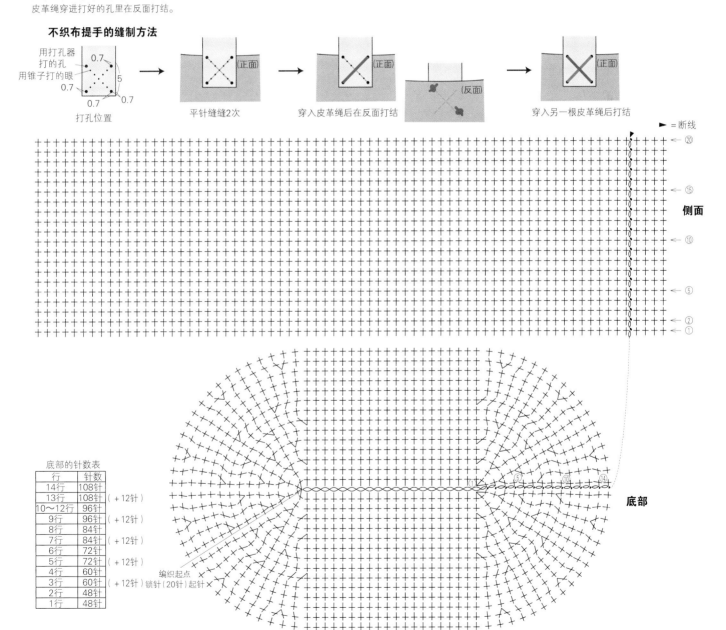

侧面

⑳
⑮
⑩
⑤
②
①

底部

底部的针数表

行	针数	
14行	108针	
13行	108针	（+12针）
10～12行	96针	
9行	96针	（+12针）
8行	84针	
7行	84针	（+12针）
6行	72针	
5行	72针	（+12针）
4行	60针	
3行	60针	（+12针）锁针（20针）起针×
2行	48针	
1行	48针	

编织起点

29 引拔针编织
提手的网兜（作品见p.28）

● **材料和工具**
MARCHEN–ART JUTE RAMIE 橘黄色（538）
100g
钩针8/0号

● **成品尺寸**
袋口周长60cm，深21cm（不含提手）

● **编织要领**
＊主体钩108针锁针起针后暂停编织留线
（A）。在编织起点的锁针针目里接另线钩22
针锁针后也暂停编织留线（B）。
＊由（A）留下的线开始编织。参照图解钩锁
针和引拔针。
＊钩★部分时，一边与★'部分连接一边继续
编织。钩☆部分时，由（B）留下的线开始编
织，一边与☆'部分连接一边继续编织。

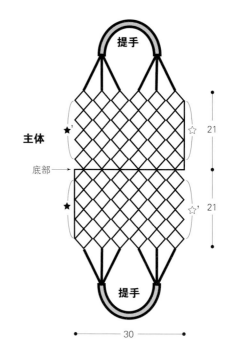

提手

主体

底部

21

21

30

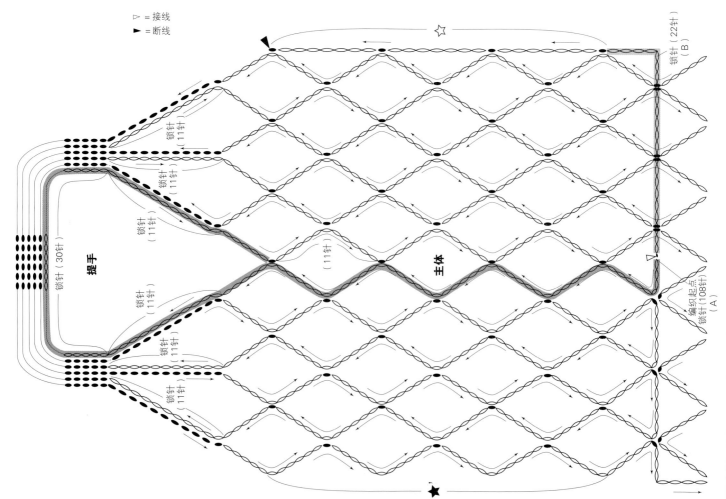

▷ ＝接线
► ＝断线

〔完成图〕

※钩★部分时，一边钩引拔针与★'部分连接一边继续编织。
※钩☆部分时，一边钩引拔针与☆'部分连接一边继续编织。

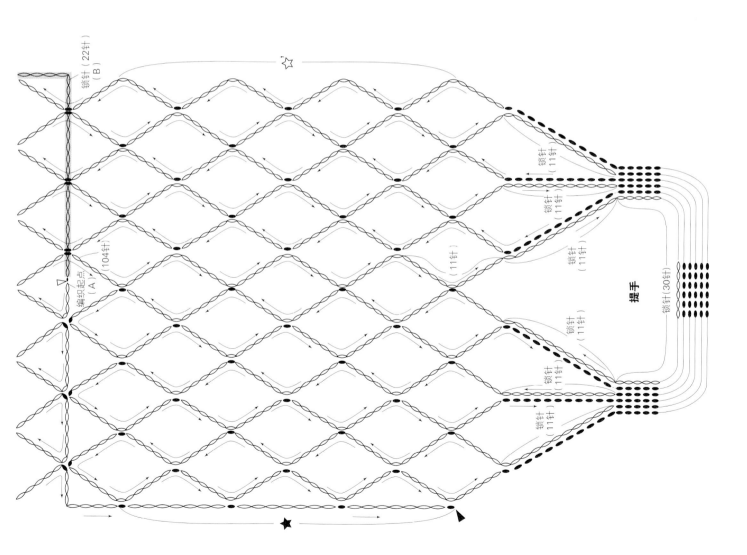

73

30 多色条纹托特包（作品见p.29）

● **材料和工具**

MARCHEN-ART JUTE RAMIE 靛蓝色（544）
140g、翠蓝色（545）80g、橘黄色（538）、
原色（551）各75g，白色（552）70g
钩针8/0号

● **成品尺寸**

包口周长77cm，深21cm（不含提手）

● **密度**

10cm×10cm面积内：短针条纹花样12针，15行

● **编织要领**

＊侧面、底部、提手参照图解，从编织起点❶
开始编织，按编织起点❷、编织起点❸的顺序
编织短针条纹花样。

＊提手的★部分缝在侧面★的位置，提手的☆
部分缝在侧面☆的位置。

＊将侧面的♡与♡、♥与♥正面相对，用引拔
针接合。

＊将侧边角的◎与◎、◉与◉、△与△、▲与
▲正面相对，用引拔针接合。

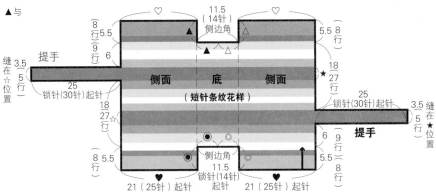

〔完成图〕

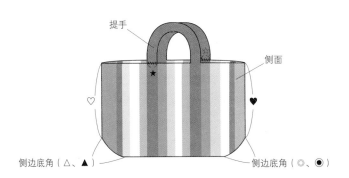

※用靛蓝色线将提手的★部分缝在侧面的★位置，提手的☆部分缝在侧面☆的位置。

※将侧面的♡与♡、♥与♥正面相对，♡部分用橘黄色线、♥用翠蓝色线分别钩引拔针接合。

※将侧边角的◎与◎、◉与◉、△与△、▲与▲正面相对，◎与◉用白色线、△与▲用原色线分别钩引拔针接合。

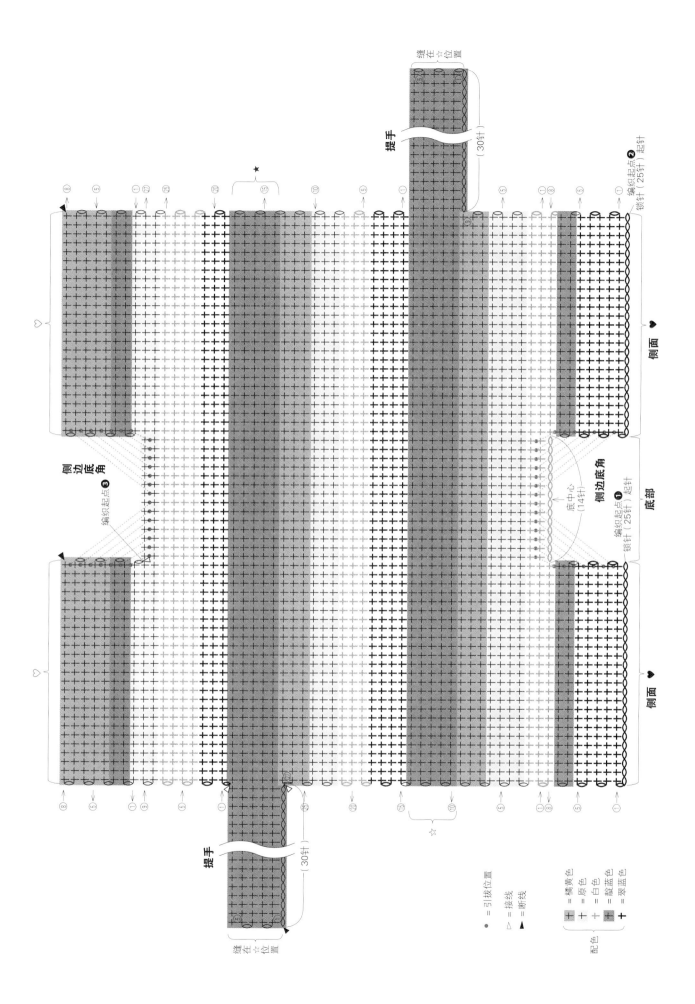

32 小绒球装饰的手提包（作品见p.31）

● **材料和工具**
HAMANAKA Comacoma 绿色（9）285g、
Doux! 棕色（6）80g、直径15mm的棉绳 28cm
2根
钩针8/0号

● **成品尺寸**
包口周长64cm，深28.5cm（不含提手）

● **密度**
10cm×10cm面积内：短针14针，15行

● **编织要领**
＊主体环形起针，参照图解一边加减针一边钩
43行短针。
＊提手钩40针锁针起针，参照图解一边加针一
边钩4行短针。如图所示，用提手将棉绳包在
里面，钩引拔针缝合。
＊将提手放在主体内侧缝好。
＊参照图示制作14个小绒球，均匀地缝在主体
袋口上。

提手（短针）绿色2条

2.5 ← 4行
锁针（40针）起针 （80针）
33

64（90针）

主体
（短针）
绿色

28.5
77（108针）
43行

主体

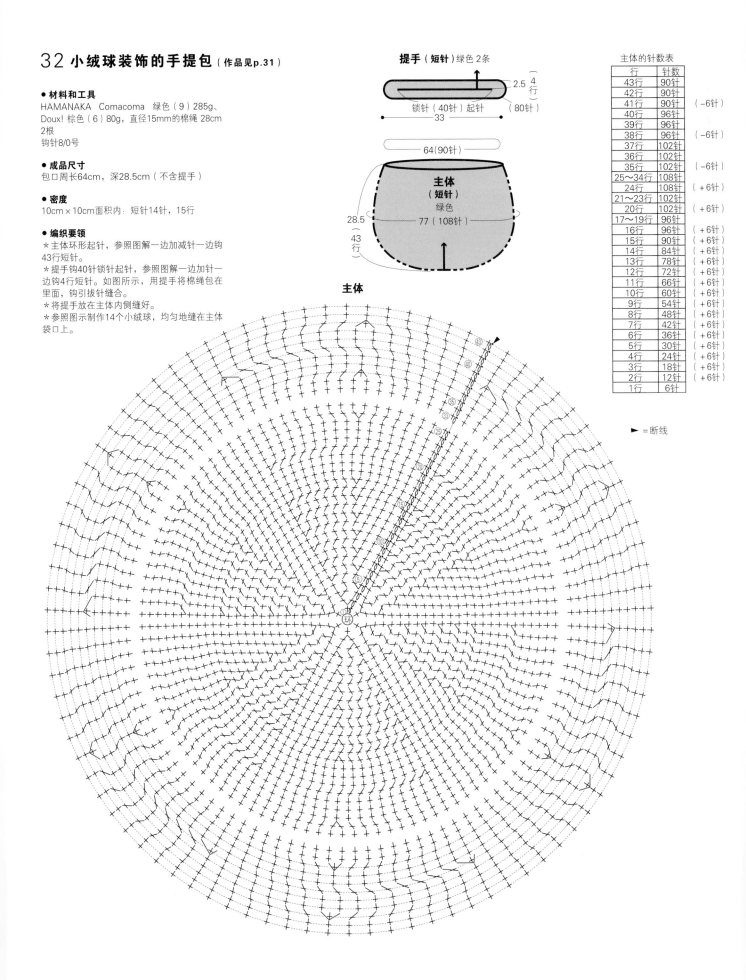

主体的针数表

行	针数	
43行	90针	
42行	90针	
41行	90针	（−6针）
40行	96针	
39行	96针	
38行	96针	（−6针）
37行	102针	
36行	102针	
35行	102针	（−6针）
25～34行	108针	
24行	108针	（+6针）
21～23行	102针	
20行	102针	（+6针）
17～19行	96针	
16行	96针	（+6针）
15行	90针	（+6针）
14行	84针	（+6针）
13行	78针	（+6针）
12行	72针	（+6针）
11行	66针	（+6针）
10行	60针	（+6针）
9行	54针	（+6针）
8行	48针	（+6针）
7行	42针	（+6针）
6行	36针	（+6针）
5行	30针	（+6针）
4行	24针	（+6针）
3行	18针	（+6针）
2行	12针	（+6针）
1行	6针	

► =断线

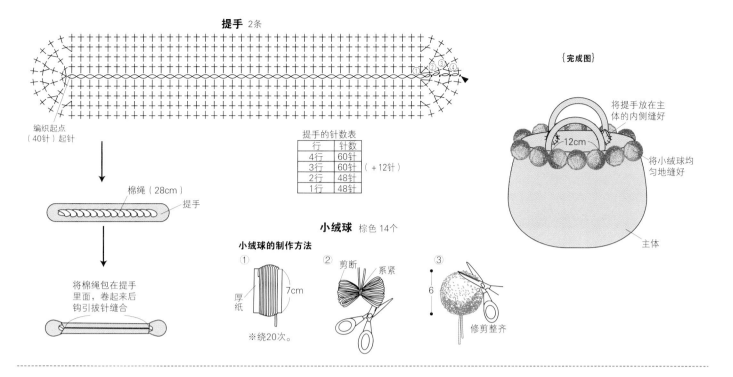

提手 2条

编织起点
（40针）起针

提手的针数表

行	针数	
4行	60针	
3行	60针	（＋12针）
2行	48针	
1行	48针	

棉绳（28cm）　提手

将棉绳包在提手
里面，卷起来后
钩引拔针缝合

小绒球 棕色 14个

小绒球的制作方法

① 厚纸　7cm　※绕20次。

② 剪断　系紧

③ 6　修剪整齐

〔完成图〕

将提手放在主
体的内侧缝好

12cm

将小绒球均
匀地缝好

主体

---

33 拼布风横款手提包（作品见p.32）

● **材料和工具**
DARUMA手编线　麻绳　蓝色（10）180m、
白色（11）75m
钩针7/0号、8/0号

● **成品尺寸**
包口周长73cm，深26cm（不含提手）

● **密度**
10cm×10cm面积内：短针的条纹针配色花样
15针，12行

● **编织要领**
＊底部钩45针锁针起针，参照图解一边加针一
边钩3行短针，接着侧面无需加减针钩29行短
针的条纹针配色花样后，暂停编织留线。
＊在提手位置接线钩42针锁针（2处）。
＊用手提包主体留下的线在包口和提手的外侧
钩2行短针。
＊在提手的内侧钩2行短针。

34 拼布风竖款手提包（作品见p.33）

● **材料和工具**
DARUMA手编线　麻绳　绿色（9）185m、
白色（11）90m
钩针7/0号、8/0号

● **成品尺寸**
包口周长61cm，深31cm（不含提手）

● **密度**
10cm×10cm面积内：短针的条纹针配色花样
15针，12行

● **编织要领**
＊底部钩36针锁针起针，参照图解一边加针一
边钩3行短针，接着侧面无需加减针钩35行短
针的条纹针配色花样后，暂停编织留线。
＊在提手位置接线钩42针锁针（2处）。
＊用手提包主体留下的线在包口和提手的外侧
钩2行短针。
＊在提手的内侧钩2行短针。

33

提手 蓝色 7/0号针
（短针）

提手 蓝色 7/0号针
（短针）
※与左边相同。

（38针）　锁针（42针）起针
（38针）
★＝角（1针）
（28针）　★　★　（28针）
（17针）　　（17针）
（23针）　（32针）　（23针）　（32针）
1.5
1.5　2行
2行

侧面 8/0号针
（短针的条纹针配色花样）

24.5
29
行

73（110针）

底部 蓝色
（短针）
7/0号针
（110针）锁针（45针）起针
35

1.5
2行
2.5
3行

34

提手 绿色 7/0号针
（短针）

提手 绿色 7/0号针
（短针）
※与左边相同。

（38针）　锁针（42针）起针
★＝角（1针）
（20针）　（16针）　锁针（42针）起针
（20针）　（16针）
（22针）　（24针）　（22针）　（24针）
1.5　2行
1.5　2行

侧面 8/0号针
（短针的条纹针配色花样）

29.5
35
行

61（92针）

底部 绿色
（短针）
7/0号针
（92针）锁针（36针）起针
29

1.5
2行
2.5
3行

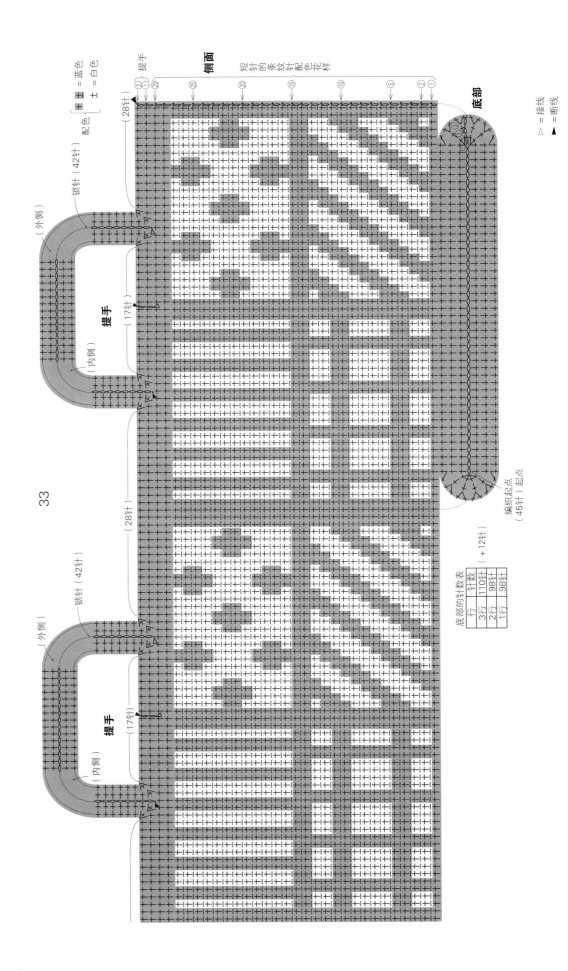

配色 { + 益 = 蓝色
       土 = 白色

提手

侧面

短针的条纹配色花样

⑧ ㉖ ㉕ ⑳ ⑮ ⑩ ⑤ ② ①

底部

（28针）

锁针（42针）

（外侧）

（内侧）

提手

（17针）

33

（外侧）

（28针）

锁针（42针）

提手

（内侧）

（17针）

编织起点
（45针）起点

▷ = 接线
▲ = 断线

底部的针数表

行	针数	（+12针）
3行	110针	
2行	98针	
1行	98针	

78

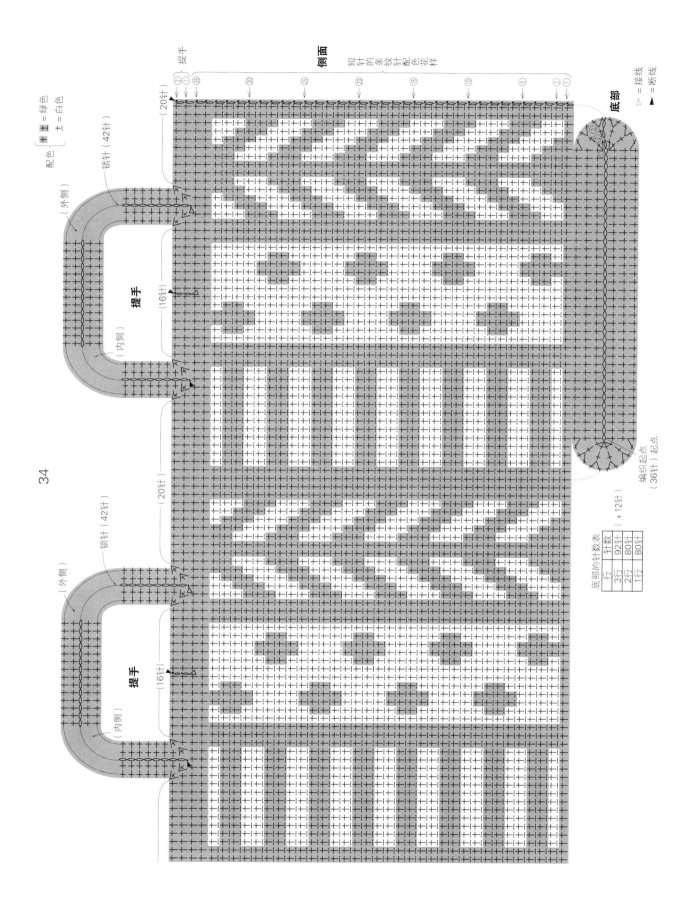

34

配色 { 土 =绿色 / 土 =白色 }

提手
侧面
短针的条纹针配色花样

提手（16针）
锁针（42针）
（20针）
（外侧）
（内侧）

底部
△ =接线
▲ =断线

编织起点（36针）起点

底部的针数表

行	针数
3行	92针
2行	80针（+12针）
1行	80针

青木惠理子
ERIKO AOKI

出生于神奈川县。

从服饰类专科学校毕业后，先后在服装企业和杂货店工作，1996年开始作为手工艺作家开展活动。

向杂货店做批发、在杂志和图书等发表作品、举办个人展览、开设手作教室等，在很多方面都很活跃。

凸显其审美眼光的素材选择、简单而且方便使用的设计、完成度很高的作品都得到大众的公认。

写有多本著作，譬如《用echino的布制作包袋和小物》（文化出版局出版）、《手编包袋和小物》（实业之日本社出版）等。

HIMO DE AMU KAGO TO BAGU（NV70299）

Copyright © NIHON VOGUE-SHA 2015 All rights reserved.

Photographers:SHIRAI YUKARI.

Original Japanese edition published in Japan by NIHON VOGUE CO., LTD.,

Simplified Chinese translation rights arranged with BEIJING BAOKU

INTERNATIONAL CULTURAL DEVELOPMENT Co., Ltd.

图书在版编目（CIP）数据

麻绳编织的收纳篮和包袋 /（日）青木惠理子著；蒋幼幼译. —郑州：河南科学技术出版社，2017.1（2021.10重印）

ISBN 978-7-5349-8447-1

Ⅰ. ①麻… Ⅱ. ①青… ②蒋… Ⅲ. ①绳结–手工艺品–制作 Ⅳ. ①TS935.5

中国版本图书馆CIP数据核字（2016）第257178号

出版发行：河南科学技术出版社

地址：郑州市郑东新区祥盛街27号　邮编：450016

电话：(0371) 65737028　　65788613

网址：www.hnstp.cn

策划编辑：刘　欣

责任编辑：刘　欣

责任校对：耿宝文

封面设计：张　伟

责任印制：张艳芳

印　　刷：河南新达彩印有限公司

经　　销：全国新华书店

开　　本：889 mm×1 194 mm　1/16　印张：5　字数：110千字

版　　次：2017年1月第1版　　2021年10月第5次印刷

定　　价：39.00元

如发现印、装质量问题，影响阅读，请与出版社联系并调换。